一片假发
百变潮搭

曹静 著

广西科学技术出版社

图书在版编目（CIP）数据

一片假发 百变潮搭 / 曹静著. —南宁：广西科学技术出版社，2014.5
ISBN 978-7-5551-0141-3

Ⅰ. ①一… Ⅱ. ①曹… Ⅲ. ①人造头发—发型—设计 Ⅳ. ① TS974.25

中国版本图书馆 CIP 数据核字（2014）第 051793 号

YI PIAN JIAFA BAIBIAN CHAODA
一片假发 百变潮搭

作　　者：曹　静　　　　　　　封面设计：吕人捷
责任编辑：李　竹　钱　冰　　　责任校对：曾高兴　田　芳
责任印制：陆　弟

出 版 人：韦鸿学　　　　　　　出版发行：广西科学技术出版社
社　　址：广西南宁市东葛路 66 号　　邮政编码：530022
电　　话：010-53202557（北京）　　0771-5845660（南宁）
传　　真：010-53202554（北京）　　0771-5878485（南宁）
网　　址：http://www.ygxm.cn　　　在线阅读：http://www.ygxm.cn

经　　销：全国各地新华书店
印　　刷：北京尚唐印刷包装有限公司　邮政编码：100162
地　　址：北京市大兴区西红门镇曙光民营企业园南 8 条 1 号
开　　本：710mm×980mm 1/16
字　　数：120 千字　　　　　　　印　张：8
版　　次：2014 年 5 月第 1 版　　　印　次：2014 年 5 月第 1 次印刷
书　　号：ISBN 978-7-5551-0141-3
定　　价：39.80 元

CONTENTS 目录

Chapter 1

假发片的自白 专利 8 厘米假发片的设计巧思

Chapter 2

初阶尝试 加入假发片带来的直观改变

Chapter 3

一片新意 假发片担纲打造发型重点

Chapter 4

局部点睛 只用在一个地方就能整体改观

Chapter 5

整体提升 用假发片你会完成更多漂亮发型

Chapter 6

场合晋级 假发片帮你节约宝贵时间

Chapter 7

发饰美搭 假发片和发饰碰撞出创意火花

Chapter 8

答疑解惑 一片假发片万千难题全解决

Chapter 9

保养秘藉 让万能假发片陪你更久

假发片的自白

专利8厘米假发片的设计巧思

假发只是让头发看起来更丰厚的幕后功臣？

NO！假发片也可以在最前沿发挥装饰效力！

假发片天性爱躲藏，生怕被人发现？

NO！只要你会用假发片，这项技能必须周知！

头发已经很浓密了，才不会对假发片过分依赖？

能完胜装饰品的假发片，你试过就一定停不了手！

告别选择恐惧症，最佳方案即刻给出。

最实用8厘米假发片，卷烫自如，让你的美发创意层出不穷。

为什么这是最好用的假发片

根据对亚洲女性发质、发量的调查，又基于对亚洲人种的头形分析，集合千万造型师心声，聆听过众多女性用户对假发产品的使用心得，我们打造出了这种最好用的万能专利假发片！

8cm 宽度完全符合亚洲人的头形

区别于欧洲人长而窄的头形，亚洲人的头顶部分相对较宽。假发片设计师针对亚洲人方正头形的四个维度（刘海、左侧面、右侧面、后脑勺）进行测量，精确得出8厘米宽度的假发片，能确保头尾完整地藏匿在真发中这一结论。

60cm 长度灵活，适合多款造型

根据亚洲人对头发长度的偏好，长度为60厘米的假发片能满足大部分亚洲女性的造型需要。长辫子、高马尾以及大翻卷等都是会对头发长度发起挑战的发型，60厘米的假发片能确保这些发型完美体现，丝毫不会捉襟见肘。

300℃ 高温丝，适合卷发棒造型

卷发棒温度大多在120℃~140℃之间，本书附赠的专利万能假发片采用耐高温的聚酯纤维制成，选择耐热300℃的高温丝材质，可配合卷发棒、电热卷、电吹风等造型工具，让假发片造型更随心所欲。

22g 轻盈飘逸无负担

对于发根脆弱、易脱发的人来说，整顶佩戴假发，会产生不透气和物理摩擦等问题，更严重的会造成脱发和毛囊损伤。这款假发片将重量精确控制在22g左右，可使同样宽度的真发均匀受力，甩动时不仅没有拉拽感，还可如真发般轻盈飘逸。

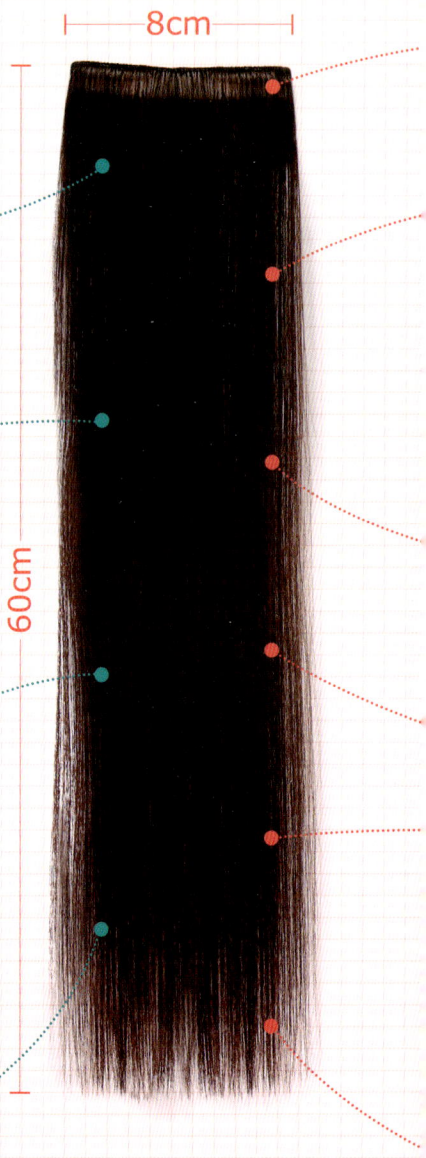

8cm

60cm

如何成为令万千女性尖叫的万能假发片？这离不开对假发片真实需求的调查。一款好的假发片除了能满足造型需求，还要兼顾不同发质、发型、日常打理习惯的需求。

专利万能假发片全解密

担心佩戴假发片会穿帮
假发片采用隐藏式内缝法，从正面完全看不到发网和固定夹，避免假发接扣的尴尬。

19%

36%

希望假发片造型自然流畅
深棕发色迎合广大女性的审美偏好，也能用于黑发、浅色系染发，配合打造挑染效果。

希望假发片的使用寿命越长越好
可水洗，可晾晒，发丝纤维经过持色处理，让发色持久如新。

24%

8%

担心假发片太滑不好做造型
模仿真发毛鳞片，无静电，不断裂，梳、编、扎、盘全无压力。

担心假发片发质和真发区别太大
模拟真发的人造丝纤维，绝无劣质反光感。发尾仿真虚化处理，和真发发尾完全一致。

11%

2%

担心假发片难打理
这款假发片普通梳子就可以打理，可水洗、晾干、吹风机吹整，不需要特殊的护理工具。

让你更了解 万能假发片

假发片仅仅是为了让头发显得更丰厚？补偿没有好好养护头发的自责感？错了！假发片同样适合发量正常，甚至是发量丰盈的女生使用，因为它在日常造型上的功能还有很多。

假发片在日常造型中的功能体现

	烫发	扎发	编发	盘发
使用位置	随机补充在头发稀疏位置	补充在扎发的起始位置	补充在编发的开端位置	随机补充在发量显少的位置
功能体现	补足缺发，增加烫发的蓬松度，完善发型的饱满度	增加发量，遮蔽发尾，使扎发后依然能获得蓬松的感觉	填充发辫，使发辫增粗，获得比较紧致具有光泽感的编发效果	加大发髻体积，增高盘发高度，获得存在感强的盘发造型
使用优点	不用喷任何蓬发造型用品，也能拥有丰满性感的烫发造型	扎发会令发量显少，而假发片能彻底改善这一点	编出均匀光泽的辫子，还能将发质不好的真发包裹在里面	真发即便很少也能盘出复杂型盘发发型
打理秘诀	分别烫好真发和假发片，接着再扣在需要的位置上	扎好头发再附上假发片，内真外假也时髦	真假发混编，稍微梳顺更便于发色融合	先接假发片再盘发，或者先盘再用假发片做相似造型，拼接在一起
适用场合	日常可用	日常可用	日常或特殊场合	重要或正式场合

在日常造型中，我们会将假发片分为直发和卷发两种用途，由于假发片特殊的纤维质地，在烫卷时仍有许多地方和真发烫卷是不同的。

Step1
不管第一次用还是多次使用，整烫前要先用密齿梳将假发全部梳顺。

Step2
预热卷发棒，在没有摸索到适合的温度之前先试一试120℃。

Step3
找一个物品将假发片前端夹紧，先夹住距离发尾1/3的位置。

Step4
卷发棒内卷30度后滑拉向下，将发尾悉数卷入卷发棒的卷芯中。

Step5
拉紧发丝并向上卷，让发丝均匀绕在卷发棒上。

Step6
停留约12秒，松开发片后确认上卷程度是否满意。

Step7
用手抖动发片使卷度散开，不要使用梳子，避免破坏卷度。

Step8
适当喷一些定型喷雾，由于假发不具备吸收能力，因此用量要少一些。

发片烫卷时会遇到的3个问题

多次烫卷问题
由于假发并不具备真发的弹性和恢复性，因此不能在不清洗复原的情况下多次烫卷。

维持卷度问题
相比真发，假发对温度的改变不太敏感，因此不容易高温定型。烫卷之后最好使用定型喷雾。

卷度成形问题
卷发棒的加热面材料、发热效果、温度都会影响发片烫卷的效果，最好先用一小缕头发测试一下。

初阶尝试

加入假发片带来的直观改变

买了假发片却对着镜子常常犯难，用在哪里效果最明显？

千万不要误解成假发一定要放在最不显眼的背面！

每个人的脸形、头形都有缺点，弥补不足才能发挥假发片的神奇效力。

头顶太扁，发量不够？

脸形过长，向往可爱V形脸？

脸宽颊胖是害羞的苹果脸？

先为假发片逆梳垫厚，再进行造型，一切缺点都可以迎刃而解。

如果你认为假发片才不可能那么神奇，接下来就等着大吃一惊吧！

圆脸形

加高顶区蓬度
速成 V 形脸

圆形脸的女生往往喜欢用厚厚的刘海和鬓角发遮挡发胖部位，实际上这样的做法适得其反。头顶区是圆脸女生的薄弱区，加蓬头顶区或者高度集中在这里，能让她们的脸形看起来更可爱。

1

圆脸

大部分的发量划分来做刘海和鬓角发，导致顶区头发扁塌，脸形看起来会更圆润。

2

在这里加上假发片

发片可以直接扣在顶区或者斜扣在前额上方，刘海斜分，使头顶高度加高，圆脸形就能获得眼前一亮的改变啦。

3

完成

弧形线条会让圆脸的扩张感消失，流线型的发型还能增加利落感，让人显得清新可人。

圆脸形这样用

将发片用在高处，利用发片的支撑力和发量增加顶区的厚度和高度。尽量避免将发片用在以双耳连接线为界之下的位置，重心较低的发型也会让圆脸看起来更胖。

圆脸形禁忌

圆脸形的女生不要留太长的头发，更要避免用假发片一再续接头发的长度。

长脸形绝对不适合两鬓过薄的发型，也不适合头发过直，因为垂坠感会将脸形在视觉上拉长。长脸适合丰盈又略带卷度的发型，将假发片整烫后放置在眉线平行区会增添不少可爱感。

1 长脸

发量较少的女生头发贴面，鬓区过薄的话会给人无精打采的印象。

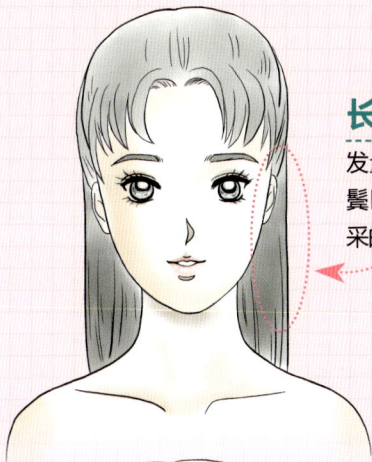

2 在这里加上假发片

无论做什么发型，一定要确保增厚鬓区的发量，以眉平行线为基准，加宽宽度，会使得脸看起来窄小秀气。

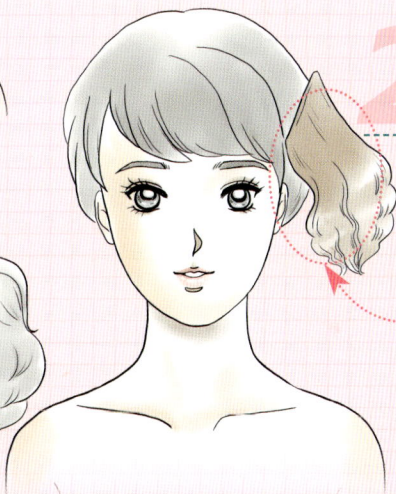

3 完成

两侧加宽后过长的脸形会往中间缩短，脸形也不再显得很中性，而是变得柔和可爱了。

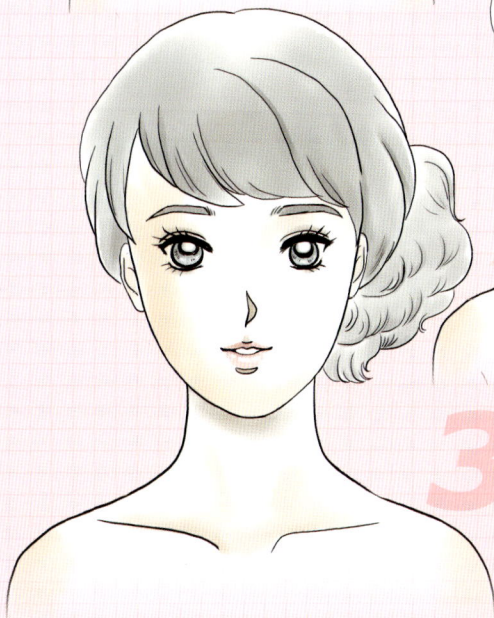

长脸形这样用

发片接在侧面时适用于侧面发辫、侧面发髻、侧面盘发等不对称发型。由于脸形够长，重量放在一侧的时候，反而会使视觉焦点落在宽度上，削减脸形带来的刻板感。

长脸形禁忌

和圆脸的禁忌一样，都不宜再延长头发的长度。同时也不适宜增高顶区，重点放在顶区的发型会让长脸变得更中性，比例失衡。

方脸形
加蓬两侧
额角区
方脸瞬间圆润

方脸的困扰是额角、颧骨及腮角三个位置都相对突出，颧骨和腮角的突出可以通过彩妆修饰，额角就显得相对棘手了。

1

方脸

方脸不适合直发，会让整个发型像画框一样框住脸形，这样反而暴露了脸部的凹凸感。

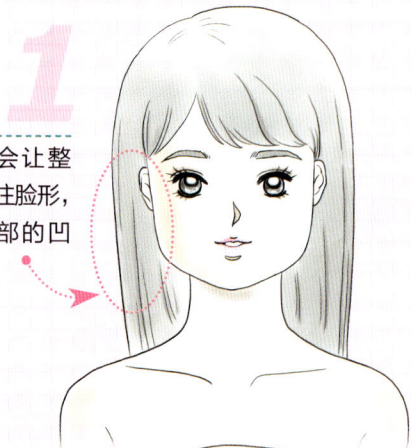

2

在这里
加上假发片

将发片斜扣在头部的外切线上，发片遮挡额角和颧骨位置，去除多棱角的突兀感，使轮廓变得柔和。

3

完成

去掉几处脸部锐角，再把过直的线条修饰圆润，方脸也能变得福相饱满。

方脸形
这样用

脸形的问题不外乎出在额角、颧骨和腮角上，在这些突出区域做出曲度或者圆润的线条，有助于产生柔和感。

方脸形
禁忌

不建议方脸形打造线条过直的发型，发片接入之前最好也卷烫一下，线条太单一会将脸形缺点全部暴露。

倒三角形脸的困扰是下巴比较短、腮线凌厉、脸形上大下小，显得人含蓄内敛。若要变成福气满满的好嫁脸，必须通过增加耳后发量来起到丰颊的效果。

1 倒三角形脸

倒三角形遇上稀少发量等于下巴更尖，面相更趋近刻薄、不友好，鬓角发太薄也会显得不容易亲近。

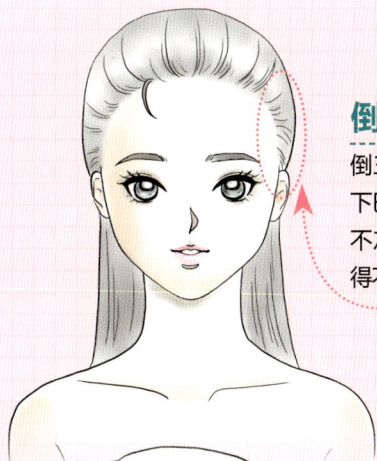

2 在这里加上假发片

在耳后较凹的地方加假发片，让耳后区蓬松起来，不要让鬓角遮挡颧骨，丰颊效果自然显现。

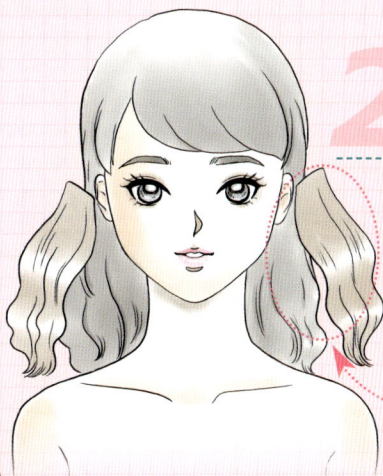

3 完成

从两耳平行线开始，向下蓬松的发型呈 A 字形轮廓，这能明显弥补倒三角脸形的缺点。

倒三角脸形这样用
让发型最厚重的地方或者发型的重心放在耳垂的位置，重心低，将有助于改善倒三角脸形上重下轻的比例结构。

倒三角脸形禁忌
不建议选择重心在较高位置的发型，特别是上面比重较大、下方比重较小的马尾和发辫，否则都会加强上重下轻的不协调感。

椭圆脸形

加蓬颧骨 平行区打造 俏丽鹅蛋脸

椭圆形脸本该是最容易改造的脸形，但是也有上庭或下庭过长的困扰。要解决这个难题必须注意，让中庭成为焦点，才能成功转移视线，达到最完美的比例分隔。

1 椭圆形脸

椭圆形虽然被认为是最标准的脸形，但这种评断在潮流面前，支持者日趋减少。发型重心太低、古板的刘海和老套的长度都让椭圆形脸和时髦背道而驰。

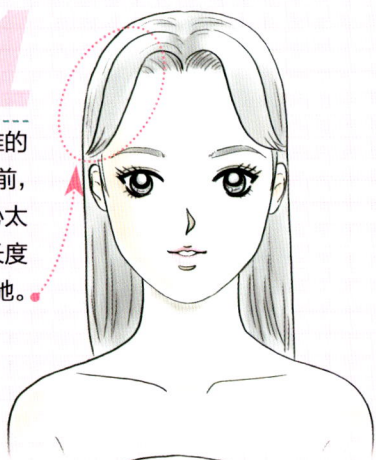

2 在这里加上假发片

颧骨平行区位于脸的中庭位置，加宽这里两侧的厚度，可以使过长的脸形缩短，年龄感也会减低。

3 完成

两侧加了发片增添厚度，颧骨区变圆使得中庭的比例增大，再加上妆容的配合，立刻打造出俏丽的脸形。

椭圆脸形这样用

如果希望头发蓬一些，记得一定要在颧骨平行的位置做改变，切忌这个区域的头发又干又扁，这会让你的脸形过长。

椭圆脸形禁忌

不要将头发的重点放在头顶或者肩膀，椭圆脸形更适合耳垂以下收窄的盘发或者短发。

过瘦的人可能会为脸部的棱角发愁，额角、眼眶骨、颧骨、腮角以及下巴都可能让你显得骨瘦如柴又个性冷漠。发型虽然不能改变骨骼架构，但却能通过视觉效果和线条走向改观脸部线条。

1 多棱角脸

这种脸形一定不能任由稀少的头发扁塌无力地待在头上，面部的棱角过于突出会让人显得病态百出。

2 在这里加上假发片

在太阳穴的位置加贴发片，将头发前移，遮住下陷的太阳穴和突出的颧骨，修正多余棱角，改善刚性轮廓。

3 完成

头发向前堆积后五官比例也会向中间收缩，棱角的扩张感减少了，脸形也趋于柔和。

多棱角脸形这样用

一定要让太阳穴的位置蓬松自然，并且要选取恰到好处的发量遮盖棱角，不要将太阳穴发际线的头发全部往后梳，这样会更突出劣势。

多棱角脸形禁忌

多棱角脸不适合中性风格的短发及外翻卷发，当然如果你有自己的个性装扮搭配就另当别论啦。

后脑勺扁平

增多发量 塑造饱满 立体发型

后脑勺扁平，头部后区的斜度让头发量有急剧变少的错觉。假发片8厘米的宽度是最适合用在后脑勺区的，能均匀且不着痕迹地补充此区域的发量。

后脑勺扁平 **1**

后脑勺扁平产生的斜度直至胫部，会让人产生驼背的错觉。

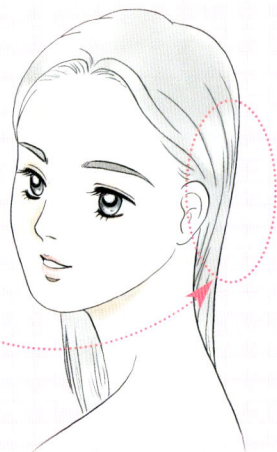

在这里加上假发片 **2**

在两眼对应延伸的后脑勺位置上提升5厘米，此处是加假发片的最好位置，能令后脑勺出现饱满自然的弧度。

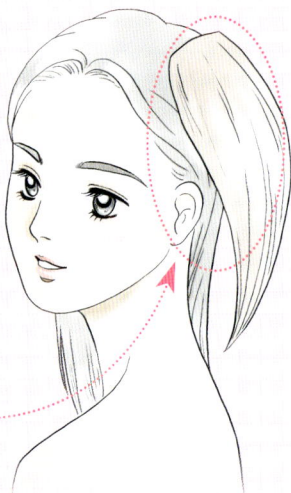

完成 **3**

饱满的弧度出现了！发量的增加填充了头部后区的扁塌，发型比重后倾，还能产生小脸效果。

后脑勺扁平这样用

可以将假发片逆梳几下或者使用蓬发产品再接扣，如果真发太稀疏会看到发片，可以将假发片接扣在发根比较浓密的地方。

后脑勺扁平禁忌

后脑勺扁平不适宜做将发根拉紧的发型，例如太紧绷的马尾、丸子头以及盘发，都会暴露头形的缺点。

头顶扁平很难维持发型的蓬松，顶区往往面临头发稀疏的难题，因此特别考验处理手法。能否准确拿捏刘海的后分线位置决定成败。这里再往后1厘米就是接驳发片的最佳位置。

1 头顶扁平

头顶扁平的状况会导致头发从发根开始就很塌，头发无精打采显得人也没精神。

2 在这里加上假发片

找到刘海的后分线，这条线往后是塑造发型高度的绝佳位置。在这条线后1厘米处接扣发片，再用真发覆盖住，加高出来的弧度令发型更加完美。

3 完成

顶区变得饱满是因为内部有强大的支撑，任由风吹和出油，再也不怕头顶扁塌的尴尬了。

头顶扁平这样用

可以将发片烫出大弧度，加强支撑力和高度，隐藏在扁平的顶区。还可以做一些半盘发将头发推高，加强顶区的造型感。

头顶扁平禁忌

头顶扁平不适合重心过低或将头顶头发拉得太紧绷的发型。失去蓬松感就会令扁平的头顶暴露无遗。

一片新意

假发片担纲打造发型重点

如果你天生手拙，对于镜子照不到的脑后区头发总束手无策；

如果你对编发、盘发、扎发都没有心得，属于毫无经验的美发小白；

如果你惜时如金，讨厌在打理头发上花太多时间；

那么你一定会喜欢这样的发型——

假发片用之前，先在桌面弄出喜欢的造型直接戴上就 OK；

做好发型不用头饰，接扣上假发片立即满分亮相！

假发片单用不复杂，先打理再造型，什么复杂的发型都能水到渠成！

编好辫子
再造型
层次丰富

对编发不怎么熟悉的人而言，在头顶上操作更是难上加难。如果先把发片变成普通的麻花辫，当做头箍来运用，既可以遮挡头发比较稀疏的地方，也不需要在镜子看不到的地方费时摸索了。

头发稀少，看到裸露的头发好尴尬。

Before
多数人普遍存在情绪压力，头顶的头发都比较稀疏。头发细软更加没有支撑力，头型就会不佳。

Side
头顶扁塌和因头发稀疏看见头皮的情况，靠麻花辫就能轻松解决了。

仅仅多了一条麻花辫，发型层次立刻分明。简单的侧盘发一下也多了亮点，耐看值迅速飙升。

预先处理假发片

Step1
将假发片分成平均的三股，在编的时候保证中间这股不要歪，可使辫子呈直线。

Step2
从假发片根部大约8厘米处开始编发，预留一段，以备最后造型时藏进发髻中。

Step3
编出普通的三股辫并使每股都均匀对等，如果希望辫子不要太显眼可扎得紧一些。

Step4
预留10厘米长的带卷发尾，用小皮筋绑好，发片就处理好了。

运用到发型上

Step5
将全部头发拢至右耳斜上方，绑一个基础马尾，然后将编好的发片扣在马尾的根部。

Step6
马尾拧转数次后按顺时针盘在侧面并用夹子固定，发髻就把发片的扣接处遮挡起来了。

Step7
发辫经头顶绕过放在左耳后侧，可遮挡头顶头发较稀疏的地方。

Step8
发辫的末端绕进后颈的头发里面，并用夹子固定好，注意不要绕得过紧，发型就完成了。

假发片单用密语

你曾观察过头顶头发的稀疏程度吗？试着绑一个侧马尾再观察一次，一些人的头顶发量稀少，稍微绑个发辫，就会露出白色的头皮，这时你可以将麻花辫编得再松散一些，或者编好后再拉宽，让假发片正好将头皮露出的地方完全挡住。

鱼骨辫

填补发型空缺
塑造精致感

鱼骨编法是所有编发技巧里面比较难的一种，它需要不断地将最边上的两股头发取半编进发辫中，所以才产生类似鱼骨一样紧凑细密的造型。对于刚刚学会编发的人而言，在假发片上尝试挑战鱼骨编法比在真发上用更容易成功。

▶ 天热出汗，侧面的头发更容易塌。

Before

发量不够，尤其是侧面的线条都垮了下来。

Side

只增加了一个鱼骨辫，造型的丰富度就立刻显现了！当别人佩服你的技巧纯熟时，绝想不到这是后来才加上去的神奇小配件。

侧面线条更加圆润，脸形更显小巧。鱼骨的纹路精致甜美，是发尾微卷造型的最佳搭配。

预先处理假发片

Step1
将假发片分成均等的两股头发，若想使发片光泽可使用少量免洗润发乳。

Step2
用两手食指不断地从最旁的两股头发中，取半并在中轴交叉，使发辫形成鱼骨纹路。

Step3
可以先摆在自己的头上测量，编到靠近耳朵的位置绑好固定。

Step4
用手指轻轻拉松鱼骨辫左右最外侧的头发，使发辫变宽，产生自然的蓬松感。

运用到发型上

Step5
头顶最高点与右耳最高点连接成线，鱼骨辫需要依着这条线斜向扣接在侧面。

Step6
分出刘海，鱼骨辫发片要扣在头顶的最高位置尽量扣多一些头发以保牢固。

Step7
全部头发拢至右耳下方，连同鱼骨辫一起绑低马尾，选一小束头发绕圈将皮筋遮挡。

Step8
选择一个适合的发饰，将假发片扣接的位置遮挡起来就完成了。

假发片单用密语

发片编辫不要一开头就编，预留5~6厘米的长度再开始编。主要是为了避免编辫露出接扣的扣子，预留的部分可以编完之后拉高，扣在头顶时起到加高顶区发量的作用。

发束变花朵
任意扭转
都浪漫

很羡慕别人花团锦簇般的华丽盘发，可是自己的头发却参差不齐，怎么盘长度都不够。盘出花样最费发量，而且不熟悉的话很难盘得漂亮，不妨借助假发片先打造自己喜欢的样式，别在发型里较空的地方即可。

发量太少，一做复杂发型就出糗。

Before

头发稀少，盘发之后惊现尴尬的凹现象，必须用假发补足。

Side

看起来很复杂，其实一两分钟就可以轻松完成，假发的作用事半功倍。

假发做的花朵扣上去之后丰富了侧面的线条，弥补真发的薄弱，难度系数和美感俱佳。

预先处理假发片

Step1
先将发片编一条普通的三股辫，尾部预留3~5厘米长度不编，用皮筋绑好备用。

Step2
在距离扣接位置大约3厘米的位置绕一个圈。

Step3
从圈中抓住发辫的尾巴再从圈中掏出，这是一个普通绳结的打法。

Step4
捏成扁圆形，用两枚钢夹呈十字形固定，花的形状就完成了，之后再微调发束，将它扯松。

运用到发型上

Step5
头发梳直，从底部开始由右至左将下面的头发绕至上方，用绞股编法处理全部的头发。

Step6
绕到左耳下方时将全部头发用皮筋绑低马尾，可用卷发棒将发尾稍微烫卷。

Step7
刘海向左侧梳顺并用发蜡拧转成股，用夹子别在马尾根部隐藏发尾。

Step8
将假发片做成的花朵用几枚夹子别在马尾上方的空洞处即可完成。

假发片单用密语

发片变花朵，真假转换的要诀在于Step4的扯松动作。编成三股辫的假发一开始会有点紧，盘起来像麻绳，但只要将部分头发扯松，这些扯出来的发丝就会变成花瓣，让发片栩栩如生。试一试吧，你会很快抓住打造花朵造型的重点。

充实发尾打造饱满花苞头

花苞头需要丰厚的发量才能出彩，当你本身的头发捉襟见肘时，可以先盘一个基础盘发，再利用假发片塑造花苞造型。花苞头有时会用到撕发技巧，舍不得真发承受撕扯伤害就用假发替代吧。

舍不得剪的枯黄发尾毁了发型。

Before
枯黄的发尾显然不能完成花苞造型了。

Side
加上假发片打造的花苞造型更趋完整，发量丰盈更添俏丽感。

经过撕发之后，假发更接近真发的质感，饱满甜美的花苞造型一下触动他人的心房。

预先处理假发片

Step1

将假发片从中间分开，形成两份均匀的发量。

Step2

两份头发叠在一起合并后从中间撕开，再叠加再撕，重复数次，使发丝产生蓬松感。

Step3

头发从中点向上对折，并用皮筋绑住对折后长度的一半，将发片扎牢。

Step4

整理发片，可尝试再从中间撕开部分发束，发片马上就会变成花苞状了。

运用到发型上

Step5

预留出刘海和一些鬓角发，太阳穴平行线为界，将上区的全部头发贴着后脑勺向内拧转并推高固定。

Step6

下半区的头发同样是贴着头部向内拧转固定，发尾绕成圈贴着头部用夹子固定好。

Step7

处理好的假发片扣在Step6做好的发髻一旁，尽量扣在根让夹子隐藏好。

Step8

抓住假发片的发尾，绕进发髻根部用夹子藏起来，这款发型就完成了。

假发片单用密语

要确保假发片做出来的花苞形状漂亮，撕的手法相当关键。每次撕开发片一定要撕到底部，并且叠加后确保一定要从中间开始分撕，这样产生的花苞形状既饱满，每瓣花瓣也才能相对匀称好看。

快速省力 完美打造简洁 发髻造型

不太熟悉发髻的盘法？想要发髻发型却总是疑惑重重、无法下手？做一个发髻的确需要基本功，假如你自愧手笨，不妨先在梳妆台上用假发片做一个假的发髻，再将它转移到头顶上。没错，就是这么简单，假发髻会和你的发型一拍即合。

额头光溜溜没有安全感，顶区扁塌也很尴尬。

Before
头发太少，盘起来之后没有更多的头发可以做成发髻。

Side
顶区的头发丰满了，优雅的弧度和俏丽的短刘海让脸形更加满意。

层次感和巧思都满分的发型原来并非只有大师才能完成！

预先处理假发片

Step1
将假发梳顺，用三根橡皮筋将假发片以同等的距离绑为四段。

Step2
抓住发片的发尾，再将发片整体向上推，使每段发束变成蓬松的灯笼状。

Step3
在每根橡皮筋处都别上一个小发夹，作为用在头顶时的定型工具。

Step4
调整发片的蓬松度，也稍微拉松一下发片的根部，使其和后面的头发保持一致。

运用到发型上

Step5
将全部头发向后梳顺，在眼睛对应的正后方，顺时针拧转成龙卷风状。

Step6
拧到最紧后顺势盘成发髻，假发片弯成弧形扣在发髻的根部，将扣子藏好。

Step7
沿着头顶的弧度，将每一个小发夹插进头发中，发片就能固定在顶部了。

Step8
最后一个发夹插好后，调整发片发尾的方向，让它形成刘海的弧度即告完成。

假发片单用密语

这种发片的用法较适合头顶比较扁平、顶区头发稀疏的人。如果喜欢更大一些的卷度，可以不用将假发片分绑四截，三截的效果更蓬松，卷度的体积更大，效果也就随之更夸张。如果你喜欢更长些的刘海，最后预留多一些末尾的发量即可。

复古发型
波浪刘海
拼接术

论复古的极致美感非手推波浪莫属了，如果不是长度均等、发质光泽的头发也打造不了手推波浪的情意缠绕。所以还有比假发片更好的选择么？在桌面上先做出你喜欢的弧度，随意以打斜的方式夹在鬓角，这样你也能拥有你的"时光机"，好好复古一把。

刘海太短，达不到手推波浪的基本要求。

Before

在真发上做手推波浪，不仅需要扎实的基本功，而且还要使用大量的定型剂。

Side

用染过颜色的发片打造的手推波浪全无黑色头发的古板和老套。

有弧度的地方不需要那么多，一点点卷度正中复古的韵味。

预先处理假发片

Step1
将假发片梳顺并平铺在桌面上，不需要烫卷，选择4枚以上长形夹等距分别夹在发片上。

Step2
用拇指和食指从假发片的中间开始轻轻拉出弧度，注意不要使发丝中空。

Step3
若要使波浪纹路定型必须使用定型喷雾，距离20厘米均匀地喷洒在发片表面。

Step4
定好型后静置20分钟，让波纹定型后才可以夹在头发上造型。

运用到发型上

Step5
将全头头发分为左右两等份，右半区先打三股辫盘成圆髻，固定在后脑勺稍低的位置。

Step6
假发片定位，将比较好看的弧度放在你比较在意的地方，发尾收进真发中并夹好。

Step7
将发片扣在左耳后侧的头发上，若担心扣不稳，这里还可以绑一个马尾再扣。

Step8
剩下左半区的头发打三股辫并向上盘出圆髻，正好将假发片扣接的地方遮盖起来就完成了。

假发片单用密语

手推的复古波纹对发型师来说是一个高技巧的考验，新手若想做好，必须掌握以下关键：

1. 夹子要能固定住全部的发量，这会帮助我们在处理一个波纹时不会影响到上下两截的波纹。

2. 定型喷雾要质地细密并且使用均匀，否则即使波纹推得很成功，僵硬不透气的湿发造型也算失败。

局部点睛

只用在一个地方就能整体改观

每个人的发量、发质都有各自的烦恼和缺点：

长度不够、发质不优、发量太少……但你首先要明白是哪里的不足让发型扣分。

假发片的神奇之处在于：

你不需要重复使用假发片，不需要复杂的打理方法，

也无需武装到牙齿来配合今日 Style，

只要用一片假发片，没错，就一片，

让它在你最需要的地方施展美丽魔法！

假发片的局部用法以小见大、以细微改变整体，巧妙改善你的发型问题！

总是羡慕明星能利用刘海做出多种造型，但自己的刘海偏偏因为太稀疏而失败！没错！发型是基于日常所需修剪的，发型师并不会预留出太厚的刘海，所以要做出丰满的刘海造型可以借助本发片来达成。

刘海太少，额头露出来好尴尬。

Before

刘海不够长、不够厚都可以借助发片来达到一定的厚度和纹路。

Side

跨媒体阅读

请用手机或平板电脑扫描二维码，观看本发型操作教学视频。

往刘海内接入发片

Step1
先用密齿梳在头顶分好发线，靠近额头的前端就是我们要接入假发片的地方。

Step2
可以根据头发本身的纹路预先烫好假发片，将假发片按真发生长的方向扣在发根。

Step3
将假发片后面的一片头发往前梳，以盖住假发片的边缘。

Step4
Step3 梳起来的头发要向内拧转 3~4 圈，并把尾部用夹子夹在后面的头发层中藏好。

Step5
按照 Step4 的拧法，将发片叠在上一个拧转位置下方，并隐藏在头发层中。

Step6
假发片下面的头发也拧转向后夹，处理成波纹造型，再喷上定型喷雾就完成了。

你可能不知道的假发片小技巧

★直发假发片要预先整烫出纹路再作为刘海使用，整烫可以减少假发片的发光感，更趋于自然。

★头发稀疏的人接入假发片容易滑落露馅，所以夹的时候要选厚一点的真发固定。

★换发色了？用自己的染发膏染一下假发片，会让你得到更自然的效果。

塑造可爱的
堆叠式
发尾内卷

充满女人味的盘发要用丰盈的发量才能完成，稀疏枯黄的头发就无计可施了吗？假发片接入之后头发丰厚度仿佛三倍增长！只要做出简单弧度，美感就自然流露。

头发太短，怎么盘都不够。

Before

头发不够长以及发尾比较稀疏的话，都可以加入发片来增加发量。

Side

往发尾接入发片

Step1

先在你希望突出的侧面耳后扎一个低马尾，用手调整一下后面的高度，使其蓬松。

Step2

从马尾右侧抓适当发量，向内拧转盖好马尾的捆绑处，将皮筋隐藏起来。

Step3

将假发片的两个扣夹分别固定在马尾上，让它包覆着马尾，起到增厚马尾的作用。

Step4

将马尾连同假发片的头发一起编出随意性的粗三股辫，并拉松每一截发辫。

Step5

握住发辫的中段，顺势向上绕卷，将发尾团进耳后的发丛里用夹子固定藏好。

Step6

调整脑后区的发量，务必让头发完美地覆盖住接了假发片的地方。

你可能不知道的假发片小技巧

★要接厚马尾时不需要假发片的长度也和马尾的一致，最后将发尾藏起来就可以过关。

★担心假发片的颜色和自己的头发颜色不太一致？先接上，编几手辫再做造型，两个发色就能像挑染一样自然地混在一起。

★加了假发片之后就不要再逆梳打毛，假发片逆梳的毛糙感会比真发的明显。

加粗辫子

辅助编出饱满型复古欧式辫

粗辫造型率性和阳光共存，可遭遇到越是接近发尾越稀少的发量也无计可施。当你想编发的时候，加入一片假发片吧，即使假发的颜色和你的真发略有差别，接着观察，真假发混编就是可以帮你圆谎。

长短不一的真发不好编出均匀的辫子。

Before
头发稀疏的话，辫子容易歪曲，而且发尾分叉格外显眼。

Side

往发辫接入发片

Step1
以耳朵的斜切线为界，将刘海和额上区的头发向右侧分好，夹好备用。

Step2
在头顶再挑出一层头发（遮盖发片），分界线要向右下角倾斜，便于将发片扣在分界线下。

Step3
将发片的假发和真发混合分成三份，编普通的三股辫，并注意每一股要均匀。

Step4
Step1预留的头发分为三等份以相互交叉的方式绞成股，并且沿着额线向右耳后方延展。

Step5
绞成股的头发用几枚夹子固定在发辫的根部，起到遮挡额头和修饰脸形的作用。

Step6
将发辫中每一股头发都拉出一些些，增粗发辫，发辫疏松一些效果更加自然。

你可能不知道的假发片小技巧

★本身真发的发质比较毛糙枯黄的话，把假发片将真发包起来再编效果更好。

★假发片固定的位置一定要在头顶较凹的地方，这样不仅可以丰盈发辫的发量，还能让后脑勺不至于太扁。假发片夹得太低，很容易出现太重而导致脱落、和真发分截的尴尬。

足够撑起丸子发髻的饱满蓬度

如果你打理过头发要堆在较高位置的丸子发髻，一定会遇到两个难题：1.头发细软很快变塌；2.风一吹便会凌乱犹如杂草。假发因为材质关系不会吸湿所以比真发更能保持造型，将假发包在外围，在喷定型喷雾时避免真发承受直接伤害。

头发稀少脸却显得更大了！

Before

真发细软很快就会没型地倒在一边。

Side

往发髻接入发片

Step1
在头顶最高处下约5厘米的位置绑一个基础马尾，要用韧度比较好的橡皮筋来固定。

Step2
将假发片扣在马尾的根部，并把之前绑橡皮筋的地方遮挡住。

Step3
在真发中抓出一股头发将马尾根部绕几圈，并用夹子固定，起到遮挡发片夹子以及加固的作用。

Step4
真假马尾先向左侧下压，用2~3枚夹子固定出第一个曲度。

Step5
马尾顺势往前额上方移，再用2~3枚夹子固定出第二个曲度，使马尾呈波浪形固定在头顶。

Step6
马尾略带卷曲的发尾自然地挂在右侧，用定型喷雾固定并同时摆出自然唯美的造型。

你可能不知道的假发片小技巧

★绑高马尾需要丰盈蓬松的头发才能完成，如果你需要逆梳一下头发才能达到效果，不妨只逆梳假发片的头发，减少对真发的伤害。

★类似这种需要大量夹子才能完成的造型，真发比较顺滑的人可能很难固定，将夹子夹在假发上便容易得多了。

完善 侧面扎发的 多层级造型

分散在两边肩上的蓬松卷发确实能起到小脸的惊喜效果，如果真发无能为力，假发可以避免这种捉襟见肘的尴尬。倾慕洋娃娃般的披肩卷发，你不必再为稀疏的真发长吁短叹了。

头发太少感觉人居然变胖了。

Before
真发一分为二后发量少得可怜，整个人的朝气指数明显下跌。

Side

往披肩发接入发片

Step1
将刘海以鼻梁为界中分，头发的表面用密齿梳梳顺，涂抹少量润发乳。

Step2
左、上、右各分出适量的头发，左右会编成发辫，而上区预留的发量要用来遮盖假发片。

Step3
将假发片平行扣在后脑勺，并让发片的尾端和真发的发尾平行。

Step4
右侧的头发要紧贴侧面编成三股辫，左侧的头发也要同法打理。

Step5
两条发辫在后脑勺合拢绑在一起，可用发夹遮盖橡皮筋绑的位置。

Step6
为了防止发辫移位和假发片松脱，最后可以在左右两条辫子上各固定几枚夹子。

你可能不知道的假发片小技巧

★最好不要把假发片修剪得太短，因为头发会长长，假发片很快就不能再使用了。可以将假发片夹的位置定得高一些，或者卷得卷度大一些，可以缩短长度和真发齐平。

★发辫可以起到固定假发片的作用，最后一步是关键。可以将夹子夹在编发的几股中，从表面上看就像没使用夹子一样。

拯救低马尾造成的扁塌后脑勺

低马尾的美感是通过后脑勺饱满圆润的弧度体现的，对于天生头形不是特别完美的人，用假发片填充这一部分的发量，能让人显得精神利落，不会让发型显得单薄。

后脑勺不饱满，颧骨就变得更突出，五官失去柔和感。

Before
头发因为过于单薄而没有弧度的美感。

Side

往低马尾接入发片

Step1
将前额的头发按照三七分界，梳顺并用夹子夹好备用。

Step2
将左侧面的头发编成一条三股辫，不用编到发尾而是留出10厘米的长度绑好，头顶的头发分出两个层次夹好备用。

Step3
右侧面较多的头发分成两等份后分别编成三股辫，同样是预留10厘米的发尾长度。

Step4
左右一共三条发辫在第一个层次下相交，并用夹子固定好，要藏在后脑勺较凹的地方。

Step5
放下第一层预留的头发，发辫就全被遮盖好了，后脑勺的弧度越见饱满了。

Step6
假发片平行扣在第二层次的头发下方，要求居中，最后放下第二层预留的头发就完成了。

你可能不知道的假发片小技巧

★头发若想要披在肩上，最好把假发片扣在较深的地方，让更多的真发覆盖在表面，这样真假混合的效果更自然。

★假发片和真发都要在扣接前分别梳好梳顺，扣上假发片后再梳整很容易使真假发纠缠在一起，拆卸就困难了。

解开优雅公主头立体感秘密

头皮油脂分泌过旺、肾脏功能不佳、思虑过度、压力大都会导致顶部发量稀少甚至是脱发。而头顶丰盈的头发却又是女人更趋于优雅的秘密武器。无法很快就长出茂密亮泽的头发来？假发片的出现让露额公主头不只是发量丰盈女生的专属。

头顶前额头发少，额头看上去高且宽。

Before

顶区的头发略显空洞，并且很难做出饱满的造型。

Side

往顶区接入发片

Step1
先用直径28毫米的卷发棒将全头头发卷出弧度，注意卷度要和假发片整烫的卷度一致。

Step2
前额预留出一片宽度大于8厘米的头发，以备遮挡后面要扣上去的假发片。

Step3
手握假发片两端紧贴着头顶的弧度，扣在发根上，注意要尽可能扣住更多的头发以防移位。

Step4
以两耳最高点的连接线为界，将上半部分的头发连同假发片的头发向右梳顺。

Step5
将头发上卷成筒状，用发蜡增加黏度，然后用几枚夹子固定在右边额角斜后方的位置。

Step6
手抓额前发向后梳，并同步用定型喷雾固定，使前面的头发不耷拉在额头上，显得神采焕发。

你可能不知道的假发片小技巧

★当假发片需要用在前额的时候，要选择颜色接近真发的仿真效果最好。当然你还可以准备一次性染发喷剂，来使假发片的颜色更像自己的头发。

★可以为丰满前额准备这样的假发片：将假发片尾部修剪打薄，让发根的厚度保留、发尾变稀，这样用在前额既不会增加重量，还能填满稀疏的前额发。

增加多变性

让卷发更充盈的替补选手

总是羡慕别人的蓬松卷发，可是到自己这怎么变得像是方便面？真发互相摩擦会产生静电，使卷度无法长时间保持松散的状态，很容易就打缕了。解决的办法是：把蓬松飘逸的任务交给假发片。现今的假发更多是采用了防静电的材质，很好地解决了这个难题。

真发起静电，不一会就惨变方便面。

Before

刚卷烫确实蓬松有型，可不久便会纠结在一起。

Side

往头部后区接入发片

Step1

避免头发互相纠缠打缕，在上卷时不要一次卷太少的头发，卷度不一致更容易纠结。

Step2

顶区的头发先逆梳打毛，让这部分的头发蓬松便于做成一个发包。

Step3

以两耳最高点连接线为界，将上半区头发从中轴分成两份，然后将假发片扣在左半区的下方，将左边头发放下遮盖好。

Step4

右半区头发不动，剩余头发悉数拢至右耳下方，并用橡皮筋绑成低马尾。

Step5

用少许发蜡，将顶区和右半区的头发抓顺合在一起，编成疏松的三股辫备用。

Step6

发辫顺势放在耳后，尾端绕在低马尾的捆绑位置遮挡橡皮筋，这款发型便完成了。

你可能不知道的假发片小技巧

★假发片不容易被静电弄得纠结不堪，最适合用在表面，就算整日摩擦皮肤和衣服也不会毛糙分叉。

★假发片斜着扣比平着扣卷度更加华丽唯美，把假发片修剪得比真发略短一些，具备层次感的卷发更讨人喜爱。

整体提升

用假发片你会完成更多漂亮发型

跟着发型教程一起做，却总是没有"原版"的美丽效果？

连最普通的马尾，也总是和别人绑得不一样？

乖巧丸子头看起来超简单，自己动手的时候却屡屡失败？

让你心动的发型很多，能动手做的却超少，原来是发量出问题。

利用假发片填充发量，复杂发型轻松完成！

真发、假发合二为一，再简单不过的马尾也会变得相当俏皮！

假发片包着真发一起盘，丸子头告别毛糙，一次成型！

停止抱怨吧，十分努力加假发片的助力，没有发型你不能胜任。

利用假发片让复古低马尾拥有优美轮廓

直接用绑高马尾的方法打造低马尾，你会得到"土里土气"的版本……是的，如果我们在侧面先接扣上假发片，稍微做出一些拧纹，那么你就会发现，小小改动，居然能成就一款百看不厌的发型。

发片接扣位置： 前侧面偏上区、额头侧边

发片建议： 预先烫卷一下侧发片的发尾，效果更自然

Side

前额的头发顺势向后，能加强脸形的柔美感，还兼具瘦脸效果。

跨媒体阅读

请用手机或平板电脑扫描二维码，观看本发型操作教学视频。

梳低马尾时，有些人会觉得鬓角的头发全都梳光了显得很空，在这里加入假发片做造型，发型一下焕发新生！

心机发型步步为营

Step1

将前额的头发按照二八分界，较多的部分取薄片备用，将假发片扣接在发根后用薄片盖上扣接处。

Step2

以耳朵斜切线为界，分出左侧上半区的头发，连同假发片一起梳整备用。

Step3

手取少量发蜡，一边拧转发束一边向后拉，使这一区的头发形成内卷。

Step4

将发束在头后面的中轴线固定，用小钢夹从上下两个方向夹好。

Step5

同样也是以耳朵斜切线为界，分出右侧上半区的头发，梳整备用。

Step6

手取发蜡，一边向内拧转一边往后收，使头发形成内卷发卷，可以不与左侧的发卷对称。

Step7

两股发卷的发尾衔接在一起，并用夹子固定好，发尾自然披散下来即可。

Step8

所有头发在颈后区汇成一束，取一段宽度不少于5厘米的发束，绕几圈后用夹子固定即完成。

男生鉴定团

Ougin
23 岁　奢侈品销售

"低马尾会把女孩子的脖子修饰得很好看，不希望看到发尾分叉的枯黄马尾。"

吴骁荣
23 岁　主持人

"不反对女朋友用假发片，头发看起来丰盈的话很可爱！反而不支持她用生发产品，怕不安全。"

发辫

不必担心头发稀疏编不出蓬松的辫子

编出饱满并且纹路清晰的辫子必须具备以下条件：头发长度基本相等、发质有足够的硬度、光泽感要好、无开叉毛糙。如果你本身的发质并不满足以上要求，可以加入一片假发片将发质条件整体提升，而且发片的硬度有助辫子更加有型。

发片接扣位置：前侧面偏上区、额头侧边
发片建议：如果头发本身颜色比发片深会更好，能产生好看的挑染效果

Side

重量堆积在一边的发型，能将大部分女生的轮廓修饰得美妙动人。

建议你使用

Aussie
免洗润发乳

GLISS KUR
施华蔻
强效特快免洗润发乳

辫子不一定非得从头编完，从脸颊一侧才出现的发辫纹路，更能结合复古和现代的美感。

心机发型步步为营

Step1

将前额的头发按照二八比例分界，将假发片扣接在发量较多的一边中间，隐藏起来。

Step2

手上抹少许润发乳，从较少的一边用三股辫开头，沿着发际线向下编，根据个人喜好定松紧度。

Step3

从颈后向前编，到左耳位置时开始编较粗的三股辫，可以略松一些。

Step4

发辫末尾用皮筋绑好固定，发尾到时候需要藏进颈后区的头发内侧。

Step5

发辫内折，将末端藏进颈后区的头发里，用几枚夹子固定好。

Step6

调整发辫的位置，让中间段放在左肩上，用夹子夹稳，避免发尾露出。

Step7

轻轻拉松位于外侧的每一股发束，使发辫的形态纹路更加松弛柔美，不要拉到内侧的发束，容易造成脱落。

Step8

鬓角或者刘海比较长的话，顺势绕到发辫中间，用夹子固定好。

男生鉴定团

吕军
22 岁 电视台编导

"没有刘海的女生感觉比较爽朗，不喜欢平刘海的发型。这款我喜欢，既文艺又可爱。"

小杰
25 岁 会计

"又粗又厚的辫子太可怕了！但是我喜欢这种日系的编法，会感觉这个女生有在看潮流杂志，紧跟时尚的步伐。"

内藏心机
拯救稀疏油头&塌发

刘海特别油，没有帽子遮羞怎么办？可以借助假发片来遮盖。将假发片"摆渡"到前额位置，既可以为油腻刘海瞒天过海，又能遮盖不请自来的前额痘。再加上简单精美的配饰，这个方案日常或较正式的场合都满分过关。

发片接扣位置：头顶最高处往下3厘米水平线上
发片建议：扣接之前稍微梳顺，不带卷度的直发片效果更好

Side
由后向前的发流不仅让头顶的弧度更饱满，还解决了大多数东方人不愿意完全露出额头的问题。

建议你使用

Schwarzkopf
俏翎烫前修护保护喷雾

Wella
威娜造型护理液

帅气和柔美兼顾的发型，纹丝不动的零毛糙刘海会为你的细腻度加分。

心机发型步步为营

Step1

先用大直径卷发棒将头发发尾烫卷，可使用烫前护发液增强卷度和持久度，上卷高度不要超过耳垂。

Step2

在头顶最高位置下方3厘米处挑出一条直线，这里是预留扣接发片的地方。

Step3

以左耳顶点为界，取左侧上半区头发，向内拧转成一股。

Step4

用夹子固定在后脑勺较突出的地方，使左侧太阳穴处头发的线条向后拉，起到小脸效果。

Step5

头顶预留出来的发量再挑出薄薄一层，作为覆盖假发片扣接处之用。

Step6

假发片扣接在发根上，和刘海、前额的头发合在一起并继续下述步骤。

Step7

发束内卷成筒状，尽量卷得小一些，需将发尾完全卷进发筒内。

Step8

卷至太阳穴上方的位置即停，用夹子固定在发际线旁，打造遮盖一半前额的"假刘海"。

男生鉴定团

黄熙言
21岁 设计师

"女生的刘海千万不能太厚，最近复古风正劲，但是有些人确实玩偏了。"

吴骁荣
23岁 主持人

"支持女朋友戴耳环并露耳朵，反而不太喜欢她在头上佩戴花朵造型的发饰，感觉有点土。"

立体才时髦
盘发的终极奥义
假发片 get √

精心打造的盘发也许不到半小时就"卧倒"了，这是头发稀少或者过于细软导致的问题。添加假发片再盘，除了增加发量，更重要的是增加头发的支撑力。尤其是位置定得较高的发型，更需要"屹立不倒"的小心机。

发片接扣位置：头顶最高处往下 5 厘米水平线上
发片建议：稍微整烫发尾，确保盘发更唯美

Side
加了假发片之后支撑性变好，确保整体外在还是随性蓬松的。

建议你使用

KIEHL'S
Styling Series
CREATIVE CREAM WAX

Kiehl's
造型发蜡

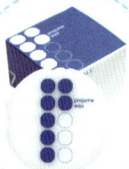

Milbon

Milbon
7号造型发蜡

真假发混盘的效果增添挑染美感，前额因为使用了真发的缘故，所以特别清新自然。

心机发型步步为营

Step1
用尖尾梳在头顶较高位置的下方5厘米处分界，这里是准备扣接假发片的位置。

Step2
将已经烫出卷度的假发片扣接在发根处，并注意两边的高度对等。

Step3
前额的头发用密齿梳分出一条中缝线，这里的两侧要分别做出一股向后拧转的纹路。

Step4
中缝线往左6厘米，取这部分发量，梳顺备用。

Step5
一边向后拉，一边向内拧转成股，使中缝线旁边的头发略微隆起，并用夹子固定在头顶发下的位置。左右侧均按此法处理。

Step6
剩余的头发（连同假发片）在头顶的左侧位置扎成一个马尾，使用较有力的皮筋绑好固定。

Step7
马尾打成一条粗三股辫，用发蜡顺发，手法不要过紧，发尾用皮筋绑好。

Step8
顺势绕在马尾的捆绑处即出现盘发造型。发辫末尾也要藏进盘发底部，最后调整形状即可。

男生鉴定团

吕军
22岁 电视台编导
"加了假发片吗？没看出来，实在是太天衣无缝了！要教给我的女性好友模仿哦。"

小杰
25岁 会计
"喜欢露额头并且额头皮肤好的女生，感觉生活作息很规律。平时看到不留刘海的女生也会多看两眼，想必是挺阳光的。"

假发片增量

扁塌发髻
可爱大不同

酷爱欧美风盘发的女生一定欣赏简洁的发型。不依靠编发技巧做出的发髻，支撑力够吗？会不会一下子就扁塌了？你想过用假发片来做前置发髻吗？它的表现一定会超乎你的想象。

发片接扣位置： 头顶最高处
发片建议： 需用小直径卷发棒烫出不规则的卷度

Side

随性的卷度略带硬朗感，配合粉色系妆容体现冲突之美。

建议你使用

Etude House
爱丽小屋强力营养定型喷雾

花王 Cape
强力定型喷雾

搭配略带中性风格的衣服时，注重线条感的卷发发髻会让你更加利落有型。

心机发型步步为营

Step1
将头发分成几份，整烫成大卷。注意每次上卷发量不要太少，避免卷度过于散乱。

Step2
在头顶较高位置取一薄片发量，这里定为是假发片的扣接处。

Step3
扣上已经卷烫好的假发片，注意两边高度对等。

Step4
以太阳穴平行线为界，将上半区连同假发片的发量一起抓起，向下拧紧成股。

Step5
用手将拧转处下压，用夹子固定在头顶最高处，形成第一个固定弯度。

Step6
发尾前置放在前额，发尾内卷成筒状，用夹子别在太阳穴旁的发际线上，形成第二个弯度。

Step7
用梳子稍微将表面梳顺，但不要将弯度完全梳平整。

Step8
在20厘米距离以外晃动喷定型喷雾，使前额的发髻定型，并同时调整发髻的形状。

男生鉴定团

Ougin
23 岁 奢侈品销售
"头发不要留得太长，过肩最唯美。这个发型我给90分！"

黄熙言
21 岁 设计师
"耳目一新的感觉！会觉得这个女生既有个性又很好相处。"

头发琐碎
盘不好
假发片完胜
定型产品

头发琐碎不容易盘出整洁利落的发型，如果你对定型产品的气味敏感，不妨利用假发片增加头发的厚度和黏合力。避免发量太少导致的中空、缺失现象，全力打造以丰厚发量为吸引点的绝美发型。

发片接扣位置： 前额横向扣接
发片建议： 发尾用大号卷发棒烫出卷度更理想

Side

后侧的重量感可增加可爱指数。弯曲的一缕头发强调盘发也能有活力的一面。

建议你使用

Aveda
轻盈造型发蜡

Redken03
亮泽定型发蜡

过度伏贴的盘发会让你的年纪迅速增加，发量丰盈的话比较容易塑造优雅的年轻感。

心机发型步步为营

Step1
用密齿梳将前额头发按照四六的比例分线，并将头发表面梳顺。

Step2
选择左侧面宽度10厘米的发片，用卷发棒整烫出内卷弧度，以修饰侧面的线条。

Step3
将假发片夹扣在同侧发根，加厚这里的发量。预留一层薄发片覆盖扣接处。

Step4
预留一小束左侧鬓角发，将全部头发往左下方梳整成束。

Step5
指腹抹少许发蜡，将发束整体向内拧转、拉直成股，注意要拧转得紧密一些。

Step6
顺势往右下方拉，使发束盘成圆盘形，紧贴在后脑勺较为凹陷的地方。

Step7
用夹子从几个方向固定盘好的头发，将发尾较为枯黄的部分往内收。

Step8
预留出来的一小束鬓角发用卷发棒做出卷度，用夹子固定在同侧起到点缀效果。

男生鉴定团

Kenny
19岁 学生

"喜欢看女生的脖子线条，特别是夏天，类似马尾这种发型依旧是最爱的！"

小杰
25岁 会计

"眉间开阔会显得人开朗健谈，我建议女生都要赶紧抛弃又闷又厚的刘海。这款盘发就很喜欢。"

内置拧转假发片

高难度发型轻松完成

半盘发的潮流新趋势：一定要在鬓角做出一飞冲天的高傲之姿，从两侧入手向上提拉轮廓，人的五官和气质也会一并提升。这种需要借助拧发技巧的半盘发，需要鬓角就拥有丰盈的发量，如果你的鬓角发量差强人意，可以通过内接假发片来达成。

发片接扣位置： 前额横向接扣

发片建议： 在假发片发尾烫出长度约 20 厘米的卷度更便于造型

Side

拧转向后的线条拥有 70% 甜美 +30% 骄傲的风格。

建议你使用

DHC
丝柔润发精华油

花王 Segreta 系列
丝质顺滑润发乳

决定女生气场的关键就是太阳穴！一切完美发型的侧重点都应该放在这里。

心机发型步步为营

Step1
从前额的中缝位置分出一条斜线分界，并在头发表面抹少量润发乳增加光泽感。

Step2
在左侧头发发根处扣接假发片，同时预留出一薄片头发用于覆盖假发片。

Step3
以左耳前端的斜切线为界，分出左侧上半区的头发备用。

Step4
在手上抹少许发蜡，一边向内拧转成股，一边往后侧提拉，确保鬓角处的头发整洁平顺。

Step5
发卷拉至后脑勺并用夹子固定在中间位置，发尾可自然披散。

Step6
用尖尾梳分出右侧上半区的头发，发量大致和左侧上半区对等。

Step7
同样是一边拧转同时往后侧提拉，使鬓角发际线的头发拉直并提拉向上。

Step8
两边拧转的发股在后脑勺衔接，用夹子固定稳当即可。

男生鉴定团

Ougin
23 岁 奢侈品销售
"让我想起古董油画里的美人，这款简洁却不简单的发型非常好看。"

吴骁荣
23 岁 主持人
"这款发型适合五官和脸形都不错的女生，苹果脸女生请勿尝试哦！"

花苞头

真发 Mix 假发片

打结盘花 形态更优

花苞头和丸子头虽然在造型上很接近，但是在细节处理上却截然不同。头发比较短、细碎或者发质过软的话，无法做成好看的花朵造型。我们的思路是：先用假发片延长长度，再借助打结法将几个发结夹在一起，就能速成花苞造型了。

发片接扣位置： 后脑勺马尾根部
发片建议： 预先整烫出比较明显的弧度更便于造型

Side

发辫和花苞头的结合将甜美指数推至高峰，也让光彩照进脸颊，朝气和甜美并存。

建议你使用

James Brown London
发型定型喷雾

Tigi
太空喷雾

栩栩如生的细腻纹路让花苞头比丸子头更适合美丽大方的女生。

心机发型步步为营

Step1
将头发分为上下两层，下层发量偏多一些，在较高位置绑一个基本款马尾。

Step2
假发片包裹马尾根部，在底部扣接起来，使真发包裹在假发里面。

Step3
将由真、假发组成的马尾平均分为三等份，每一份以打绳结的方式扣接并固定在头顶。

Step4
每份头发打结但不要拉紧，三等份都打结堆叠在一起就能形成好看的花苞造型。

Step5
之前预留出来的前额发，编比较蓬松的三股辫，注意不要紧贴着头皮编，这会造成紧绷感。

Step6
发辫的末端绕到马尾的底部，并将分叉的发尾藏进花苞的盘发中。

Step7
提拉前额的发束，这里加高可以使人的脸形看起来秀气立体，也可在这里喷一点定型喷雾。

Step8
根据自己的喜好，拉松花苞造型的部分发束，调整得凌乱些更添自然美感。

男生鉴定团

吕军
22岁 电视台编导
"丝毫看不出假发片的破绽，佩服女生的智慧！如果将来有了女友也想送她这款假发片，毕竟太神奇了！"

小杰
25岁 会计
"妆容搭配得很好，一字眉很适合这种向上束的发型，看起来个性明朗又大方。"

场合晋级

假发片帮你节约宝贵时间

约会次次迟到，原来是发型拖了后腿；

应聘频频落空，总是油腻的头发毁了第一印象！

派对常常出糗，发型过于死板，性感全无！

回首盘点每个需要自己美丽动人的场合，却都是发型导致了悲剧！

不做笨手笨脚出门拖延族，得体发型花最少时间搞定，

发片能让约会盘发五分钟达成！

面试官也喜欢的得体盘发，假发片一手担当！

派对无需定型喷雾，假发烫卷就能甩动自如！

你还是那个每次出门都会选错发型的菜鸟吗？假发片可不允许这种状况发生。

超快速

简洁面试盘发
五分钟完成

披头散发是许多面试官认定的不礼貌行为，所以盘发更得体。因此另一个烦恼也接踵而来——想要郑重其事，却用力过猛把自己打扮成将要参加晚宴的样子。一款清爽庄重而且不会带来老气感的盘发，它的价值也许超乎一份详尽的简历。

Side

露出耳朵是一种相当自信的表现，可以让面试官看到你的整个精神面貌。

流线式斜刘海，清爽不添一丝累赘的鬓角，带来的好感度不止这些。

跨媒体阅读

请用手机或平板电脑扫描二维码，观看本发型操作教学视频。

Step1

将真发按照三七分界，分界可稍倾斜一些，宽度与假发片等宽，在发根扣上烫卷过的假发片。

Step2

用密齿梳将假发片表面稍微梳顺，并适度下拉遮盖一点额头，再用一层足够覆盖扣接处的真发盖上。

Step3

藏着假发片的顶区头发先梳至一边备用，其余头发分成三等份。

Step4

每份头发都梳好，并在距离发根较近的地方打一个普通的绳结，用夹子固定聚成三个紧挨着的小发髻。

Step5

顶区的头发向外拧转成股，如果有岔发可以用发蜡卷进去收好。

Step6

卷成股的头发可以绕到颈部后侧，用夹子藏进三个发髻的下面就完成了。

面试、应聘发型　得体赢首肯

Model
小建议

面试、应聘最忌讳蓬头垢面，连整理发型的时间都不能掌控，这个人作息时间一定有问题。整洁的发型突出清洁特质，适当露出一点额头表示头脑的敏锐，头发的光泽彰显体魄的健康，这是最能赢得面试官好感的发型三大关键。

梦幻系
倚肩玫瑰式盘发
假发片搞定

头发是女人套牢对方心房的绳索，所以别轻易把它们忽略。适当裸露肩膀小示性感，盘成花朵的发髻更突出你的心灵手巧。大部分男士并不喜欢太复杂的发饰，针对这点，利用自己的头发，完成今日的约会造型吧。

Side

盘成玫瑰花样式的头发具有魔力，能让他认定，你的头发定是散发着玫瑰般的香气。

你的他一定希望热情直视你时也收到同等热烈的回应，所以千万不要选择挡住眼睛的发型！

场合发型步步为营

Step1
用密齿梳打理顶区的头发，和刘海一起按照三七分线，并把较多的头发梳到左侧。

Step2
预留出一部分头发用于遮挡发片，并将假发片扣在距离发根最近的位置，加厚顶区的发量。

Step3
后脑勺的头发取上半部分，向上拧转成股，确保每个地方都拧至最紧，固定在耳朵后侧。

Step4
下半部分也按此法拧成股，同样用夹子固定在 Sep3 的固定处，让头发在侧面散开。

Step5
假发片和刘海的真发一起向外拧转，同样也是拧成紧实的小股。

Step6
在耳朵斜上方盘成圆盘状，发尾绕进底部，并向各个方向拉松，形成花朵一样的造型。

带着微微曲度的头发能赢得他的心

发质太硬或者发色太重的话总会让好感度降低，所以可以将头发烫出一点点微微的曲度。别小看这步，太直的头发总是将面部线条暴露无遗，卷发则会让五官看起来更柔和。另外，头发的光泽还可以通过曲度展现，小小改变起到直击心房的魔力。

Model
小建议

超可爱
假发片为底
老成长发变俏丽

和朋友在一起时总是怀念当年在校园像个假小子般的自己。对柔弱的长发不忍割舍，也想进行短发大改造？如果头发不够，就接上假发做成基座，长发内拢变短，完成重返校园的梦想！这个方法适合在长发和短发之间难抉择的女生，终止选择困难症。

Side
假发片打底是为了确定短发长度的基准线，确保固定牢固绝不出糗。

头发变短，整个都显得更加轻松利落。不过分厚重和张扬，有种返璞归真的美感。

Step1

以两耳中点连接线为界，将假发片扣在这里，然后将发片和连接线以下的头发编成三股辫。

Step2

辫子盘成紧实的一个小发髻，不喜欢位置比较正中的话可以稍微偏一些，基座就完成了。

Step3

右侧的头发抓出一小部分，向外拧转，做出一点弧度让脸形变得柔美。

Step4

在拧转处夹一个发饰，起到固定拧纹并装饰侧面的作用。

Step5

剩余的全部头发向左抓顺，抓住发尾拧转成束，然后顺势绕进 Step2 做好的基座下方，用夹子固定。

Step6

将碎发和多余的头发全部往内收，形成自然的圆形弧度，这款由长发打造的短发就完成了。

圆弧短发　更快取得同性的好感

Model
小建议

娇柔妩媚的长卷发也许一下就能激发同性之间潜在的"生物竞争本能"，但乖巧自然的短发及圆弧的轮廓，却能立刻令对方放下成见，好感倍增。和好友、同性友人聚会时，清新又具有圆弧轮廓的发型才是最佳选择。中性风潮渐强的当下，越来越多女生敢于弃长投短，证明短发也逐渐得到大家的认可。

强电压
一片假发片
卷发自由甩动

大家都在性感热舞，是什么让你呆若木鸡无所适从？当然是那软塌塌不听话的稀疏长发，再热的舞曲也能瞬间变冷。如果你也是派对上的壁花小姐，不妨在发型里巧加心思：内加假发片丰盈发量，热力大卷释放性感潜能！从此再也不怕头发舞动时的尴尬瞬间了。

Side

假发片的接入，能让高八度起伏的卷发毫无空隙感，形成魅力性感的发型。

猫耳发型的强势与野性一定是体现在又蓬又性感的卷度上的！

Step1
左右鬓角的头发都必须整烫成外翻大卷，用直径稍大的卷发棒将头发抓高再烫，保持时间稍久让卷度加强。

Step2
留出鬓角发和刘海，顶区头发从中间分开成两个等份。

Step3
两份头发分别向内拧转，向上推、用夹子固定拧转处，形成两个突出的发包。

Step4
用手调整发包的大小，使两个发包对称、饱满，多余的一些碎发用夹子收拢。

Step5
将发包下方两厘米处的头发分出界，烫卷过的假发片扣接在此处，起到增添发量的作用。

Step6
真假卷发拨松后往前放，鬓角大卷处用定型喷雾加强弧度。这款适合派对的野性卷发就完成了。

动态是对发型最大的考验

Model
小建议

最有生命力的发型绝对不是僵硬、毫无弹力的发型，在激情四射的派对上，过度定型的头发无疑最扫兴。所以在打理需要动态展现的发型时，不要喷太多的定型剂，卷发棒加热时间久一些、接入假发片、不在发尾加多余的发饰加大重量等做法，都能减少定型产品的负担。

惬意派
假发片增高
随性展现的飘逸

根据老式电影中淑女们的言传身教，如何变成最得体的淑女，除了半头发型之外再无更好的答案了吧？半头发型既有盘发的严谨，又有卷发的随性，两种态度的微妙平衡与不同风格的准确融合，都是女生喜欢它的理由。在需要端庄优雅又讲求身心放松的下午茶时间，选择半头发型会让你获得更多夸奖。

Side
上半部分的盘发能将脸颊线条向上提拉，瘦脸效果突出。

收与放，两种头发的表现形式一次融合，会让你的气质具有张弛合一的优点。

场合发型步步为营

Step1
先将颧骨线往下的头发整烫出微微的卷度，若想突出温柔气质可选择直径偏大的卷发棒。

Step2
以太阳穴连接线为界，将烫过卷度的假发片扣接在此处，填充后脑勺区的发量。

Step3
用假发片扣接处以上的全部头发做半头，在中轴线拧转并向上推，做出高度形成发包。

Step4
用2~3枚夹子从左右侧分别将拧转处固定，让发包能保持高度。

Step5
根据脸长将发包适当拉松，使其高度能配合脸形，让脸部显得修长立体。

Step6
在右侧抓取适量发束，向后拧转4~5圈后紧贴头部侧面。用装饰的发夹夹好起到修饰作用。

侧 "Q" 发型是优雅的关键

Model 小建议

将头发收拾得滴水不漏则显拘谨，把头发放纵得狂野不羁则散漫，一款"收放自如"的发型才是最值得推崇的中庸之道。将头发恰到好处地盘起来一部分，又能使别人看到你的发尾，这种侧Q发型既简洁又大方。就像人与人的相处，冷热之道拿捏得当，如果用这个道理来打理头发，你会更快地获得他人的肯定。

超稳固
假发片打造
活力系扎发
黄金比例

运动需要什么样的发型？既不能闷热不适影响运动，同时必须具有很强的牢固性！显然常常被大家当做运动最佳发型的马尾其实力不从心。将头发盘得高一些，鬓角刘海收拾利落，让活力占领情绪的制高点，在运动场上的你也必须全方位好看！

Side
将头发堆积到顶区的发型，让你看起来年轻不少。

可爱和整洁的气质兼具，同时亦强调了适合运动场的随性感。

场合发型步步为营

Step1
以耳朵顶点为线，将头发分为前后两个部分，前半部分发量略少些。

Step2
后半部分的头发拢至顶区梳高，用橡皮筋绑成马尾备用。注意后脑勺的头发要收拾干净强调利落感。

Step3
前半部分头发向前梳顺，假发片扣接在发根处，使该区发量增厚。

Step4
找到鼻梁延长线在头顶的对应位置，在这里绑成马尾，和Step2马尾位置靠近。

Step5
前后两个马尾都低绕盘成扁圆的发髻，发髻之间不要拉开距离，整体效果要紧凑一些。

Step6
拉松部分发束，依据自己的喜好和脸形条件，可调整发髻的体积大小。

发型预处理　避免运动尴尬

为了避免散乱，喷洒大量的定型剂并非好主意。酒精和汗水混合，会散发令人反感的异味。最佳方案是：盘发或者在扎马尾时，就在掌心涂抹一些哑光发蜡，这样在打理发型的同时就已经将碎发服帖抚顺。发蜡只含凡士林、白蜡等成分，不含酒精，不溶于水，避免了汗湿造成的尴尬。

Model 小建议

气质型
高难度盘发
假发片一手掌控

太简单随意的发型会让晚宴主人认为你不够重视这次宴会。技拙缺憾怎么弥补？幸好遇到发型改造高手假发片！将假发片理斜一点再接扣，这样做不仅会把接发的心机瞒天过海，还能完成原本真发做不到的发型。发量增加后再高难度的发型也会变得轻而易举。

Side
重心偏高、体积丰盈的盘发能使脖子显得纤长优雅。

细节无一模糊的超精致盘发！突出五官中的优雅气韵再合适不过。

场合发型步步为营

Step1
在头顶偏下方分出一道长度约10厘米的斜切线，确定此处为接扣假发片的位置。

Step2
理斜扣上假发片之后，以假发片下沿为界，将头发分为不对称的上下两半区。

Step3
上下半区分别编出一条较松散的蜈蚣辫，由于发量不对等，形态上就比较自然随性。

Step4
位于上方的蜈蚣辫，辫尾绕进两条蜈蚣辫之间的空隙处，发尾内藏并用夹子固定好。

Step5
位于下方的蜈蚣辫，辫尾绕进右耳后区（上方蜈蚣辫的头发内部），用夹子固定藏好。

Step6
根据自己的脸形，调整每束头发的松紧度，使编发的纹路加深，然后完成发型。

假发硬度有助挑战高难度发型

盘发失败的原因不难分析：真发发质细软、易滑，所以支撑力较差。如果不使用定型剂，很难打造出具有支撑力的饱满发型。高温丝制成的假发片属于聚酯树脂材质，该材质硬度上比真发强，因此和真发混合后提高了支撑性，要编、盘、扎都更容易成型。

Model
小建议

明星系
无死角
欧美大气场
街拍卷发

卷发走出户外面临着形状散架的挑战：外界的潮气会让卷度迅速消失。所以在处理卷发时建议将卷发分层定位，卷度之间不形成重叠重压，这样就能延长卷度停留的时间。另外在卷发之间使用假发片做卷，能减少真发摩擦产生的静电。要知道静电也是让卷度消失的始作俑者。

Side

卷发有可能会让人显得慵懒，但优雅旋转向上的线条，让人的五官变得紧致有型。

告别重量堆积！蓬松有致的卷度是基于多层次打理的结果。

Step1

前额和顶区的头发先按照三七的比例分界。注意用梳尾分线，纹路要直，接着在发根扣接假发片。

Step2

前额的真发和假发片一起拢至左侧太阳穴旁，向上拧转成股，使额角出现优雅的弧线发流。

Step3

用夹子将拧转处固定在太阳穴斜上方的位置上，确定侧面造型。

Step4

以固定处水平线为界，抓取上半部分的全部发量，在Step3固定位置处同样向上拧转成股。

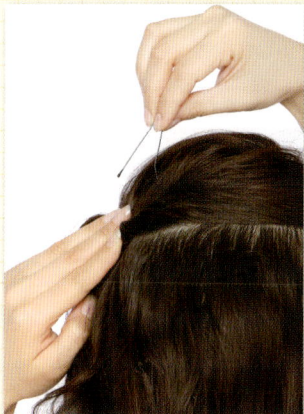

Step5

用夹子将拧转处固定好，和Step3做好的侧面造型合拢在一起。

Step6

剩余的头发用直径不少于28毫米的卷发棒打理成卷。注意不要一次给太少头发上卷，避免卷度过碎。

呵护卷度 让卷发更有"耐心"

卷发在出门后不容易保持造型一整天，但是下述做法会让它更有"耐心"一些：（1）洗发后一定要尽量吹干才烫卷，发芯中的水分会使刚卷好的头发马上变直；（2）卷发分成两至三层夹并固定，没有重量堆积卷度弧度能维持更长的时间；（3）如果本身发量稀少，不要使用弹力素等增加发丝黏性的产品，它们会让卷度消失更快。

Model 小建议

发饰美搭

假发片和发饰碰撞出创意火花

当季新款发箍、明星同款蝴蝶结、街拍热捧的发带……

当季新款发箍、明星同款蝴蝶结、街拍热捧的发带……

因为不会用所以只能闲置在家,这一定也是你的困扰吧!

想过让假发片和发饰成为默契十足的搭档?

下述做法足够让你心动!

发箍能起到固定假发片的作用,加厚发量永不松脱出糗;

当刘海移位,小边夹能妥善固定防毛糙;

后脑勺头发稀疏惹心寒,"抓牢"发片立刻发量增厚;

担心真假发衔接不牢靠,弹簧夹用上,疑心病就没了!

发饰、发片不分家,赶紧让这两个天生的好搭档携手创造奇迹吧。

固定假发片 它最在行

对于头顶区域有稀疏烦恼的女生，假发片接驳的效果可能会不太牢固。但不用担心，加一个发箍就能免去你担心假发片脱落的烦恼。

发片预处理：需预先烫卷
整款发型打造时长：6分钟
难度等级：初级

Side
将发片烫成卷发后用在头顶，可以以假乱真。

Back
螺旋式拧法后就完全看不到假发片的痕迹了。

蕾丝宽边发带和假发片一同堆高了头顶的高度，修饰脸形的效果令人忍不住一用再用。

聪明挑发饰

✓ 宽边发箍遮蔽效果更好，可以完全挡住假发片的接口。

发片接入步步为营

Step1

在头顶最突出位置的前方分出一条8厘米的分界线，前面预留的发量用于覆盖假发片。

Step2

将假发片平整地扣在发根上，头顶发量会明显增多，然后用前面的头发覆盖。

Step3

以两耳为线，将线上的全部发量在后脑勺向内拧转，并向上轻推，使头顶发量饱满。

Step4

用3~4枚夹子夹在拧转处，起到固定的作用。此处真假发已经能完全融合在一起了。

Step5

戴上发箍，并使发箍正好能挡在真假发接驳的地方。

Step6

拉松发箍前端的头发，使这里的头发不要太服帖，这样能使额头变小、脸形变长。

小边夹

永远不怕发片脱落和移位的尴尬

如果要在真的刘海中加入假发片，假发片的重量也许会导致定型失败。小边夹的作用是让假发片保持更好的形状，而且刮风天气也不易凌乱。

发片预处理：需预先烫卷
整款发型打造时长：5分钟
难度等级：初级

Side
假发片的光泽感用作刘海再恰当不过了。

Back
因为刘海有假发片的植入，所以背后的发量不受影响。

发质比较稀疏的人，假发会在中间位置和真发分开，有了小边夹一切都不成问题。

聪明挑发饰

有一定弧度的扁形边夹，符合刘海的弯曲感，是我们的首选。

发片接入步步为营

Step1
先用直径 28 毫米的卷发棒给整头头发上卷，上卷高度最好在颧骨水平线上，修饰脸形效果最好。

Step2
在原本刘海上做出轻微的卷度，停留时间不要太长，略带弯度即可。

Step3
用斜线的方式分界，预留一层足够厚的头发用于掩盖假发片。

Step4
将分好的刘海向前梳整、压平，遮盖一点额角，能起到修饰脸形的作用。

Step5
沿着分好的界，在发根上扣上假发片，此时假发片的末端最好已经烫出一点卷度了。

Step6
盖上一层真发后，在眉尾的地方夹上一个小边夹，用手拉低直至你喜欢的弧度。

让假发片补救不完美的地方

当我们需要做一些位置比较低的发型时，由于发量不够或者头发的长度不够，常会导致无法下手。这时可以接驳上假发片，然后在和真发有色差的地方别上一个蝴蝶结即可。

发片预处理：不需预先烫卷
整款发型打造时长：12分钟
难度等级：初级

Side
头发太少的人，可以用大号蝴蝶结来遮盖接驳发片的地方。

Back
蝴蝶结的加固，让假发片能完全承受一个低位发型的重量。

别人都看不出来，蝴蝶结下面就是接驳假发片的地方，心机赢得赞美。

聪明挑发饰

超过8厘米长度并略带立体感的蝴蝶结发饰，能更好地藏起假发片。

发片接入步步为营

Step1
将全头头发分成不均等的左右两份，在较少的一份头发里扣上假发片。

Step2
将两份头发都编成每股均等的三股辫，并注意尽可能地让假发和真发混编在一起。

Step3
把辫子的每股发束稍微拉松，呈现蓬松自然的感觉。

Step4
发量较多的发辫在后脑勺处拉高，末端藏进头发里，并用夹子固定好。

Step5
另一条发辫和前一条发辫交叉，也将末端内折藏好，同样用夹子固定。

Step6
再找到一开始接驳假发片的位置，用蝴蝶结扣紧，假发片就能确保稳固了。

头花

假发片
不再依附真发
效果更佳

喜欢卷度优雅，长度也理想的低马尾，而现实却是只有枯黄不愿示人的分叉发尾？！假发片能把"不及格马尾"藏起来，让你的发质跨级跃升！

发片预处理：需预先烫卷
整款发型打造时长：15 分钟
难度等级：中级

Side

头花不仅让假发片更牢固了，而且更突出了低马尾的柔美感。

Back

不用担心马尾不够长，所以真发可以用来打造饱满的编发效果。

有了假发片的"包庇"，枯黄发尾自动隐形了。

聪明挑发饰

✅ 褶皱更多、体积更大的头花能让马尾显得丰厚。

发片接入步步为营

Step1

将全头头发用发蜡拢至左边，用卷发棒整烫出较大的卷度。

Step2

预留出一些刘海修饰脸形，剩余的头发将会编成发辫。

Step3

从头部后右侧开始向左耳下方编加股辫。每一股头发尽量编得松一些，使后脑勺饱满。

Step4

最好隐藏假发片的位置是耳朵后面，这里可以先用一个小皮筋绑成低马尾。

Step5

直接用假发片将真发包裹起来，让真发藏在假发片的里面。

Step6

在真假发接驳的地方绑上头花，并将预留的刘海末端也一起绑好，发型就完成了。

发插

做出可爱造型必备武器

在所有发饰里面，发插固定的深度是最深的。如果要做出结构比较复杂的发型，而头顶的发量又不够，可以借助发插来营造可爱感。

发片预处理：不需预先烫卷
整款发型打造时长：18分钟
难度等级：高级

Side
发插不会"吃掉"大量的头发，比发夹更方便。

Back
简洁可爱的发插让整体造型呈现精致动人的姿态。

发插的优点是可以将数团小发髻都一并固定好。

聪明挑发饰

✓ 顶端有较大装饰物的发插能起到丰盈发量，增加发型的层次的作用。

发片接入步步为营

Step1
从额头上方抓取宽度不少于8厘米的发量，梳顺并向左侧压平。

Step2
将假发片扣在刘海的根部，并确保表面有一层头发覆盖，起到遮挡的作用。

Step3
假发片和真发抓在一起三等分。每份向内拧转，按照绳结的系法打结贴到额头，用夹子固定。

Step4
将每份头发固定在一起，然后尽量让它们紧贴在一起，变成一个复合的发髻。

Step5
轻轻拉松发髻上的每一股头发，使其变得蓬松立体，形成类似花朵的造型。

Step6
在发髻后侧容易看到假发片接驳痕迹的地方，插上发插就完成了。

发抓

假发片
以假乱真
必需工具

发抓不仅可以将假发片和真发牢牢固定在一起，还能撑起高度，特别是用在后脑勺能修饰脸形。当然，它还会为你节省更多的造型时间。

| 发片预处理：需预先烫卷 |
| 整款发型打造时长：10 分钟 |
| 难度等级：中级 |

Side
假发片填补了后侧发量的不足，让发型变得动人。

Back
卷度和真发发尾完全一致的话，会增加真假难辨的迷惑性！

谁也不会发现，俏丽感十足的后侧马尾居然全部都是假发片的功劳。

聪明挑发饰

✅ 假发片适合咬合度紧的发抓，这样才不会在晃动头发的时候掉落。

发片接入步步为营

Step1
将头发中分，分成均等的两份，并用发蜡在表面抹开，减少岔开的碎发。

Step2
从侧面将头发抓出上下两份，这里要做出一个简单的半盘发。

Step3
先将头顶的两份头发分别向中轴拧转、推高，并用夹子固定拧转，做出两个对称的发束。

Step4
两鬓的发束也向中轴拧转，指腹蘸上发蜡，防止在拧转时散落，用夹子固定。

Step5
将8厘米的假发片烫出一些卷度，对折成4厘米宽并固定在半盘发的正下方。

Step6
发抓要将真假发全部"抓"在一起，并使假发尽可能地在后脑勺展现好看的弧度。

103

配合假发片
将毛糙发质
巧妙隐藏

发绳是打造丸子头最绝妙的搭档，而稀疏不堪的头发正是饱满丸子头的痛处。所以假发片能帮你瞒住这一切，还不赶快利用起来？

发片预处理：不需预先烫卷
整款发型打造时长：10分钟
难度等级：中级

Side
这个饱满高耸的丸子头发型不用一枚夹子，这不是大话！

Back
真假发交缠还能达到双色挑染的惊喜效果。

饱满可爱的丸子造型全靠假发片打造，当然它还是一张有效的"发网"，能把分岔枯黄的头发完全包覆住。

聪明挑发饰

✓ 纤细、色彩突出的发绳，会给丸子头带来清新的无造作感。

发片接入步步为营

Step1
预先将真发发尾烫出弧度，并在头顶最高的偏下位置绑一个基本的高马尾。

Step2
将假发片展开，绕马尾一周，把马尾完全包裹起来。这时不需要使用假发片的扣子。

Step3
将头绳的饰品朝前，绕2~3圈并将假发片和真发绑在一起。

Step4
假发和真发合拢后分为均等的两份，然后将两股头发绕在一起直至发尾。

Step5
以马尾的捆绑处为中心，将绕好的头发盘绕成丸子的造型。发尾绕进根部用夹子固定。

Step6
拉松丸子头的部分发束，使其更圆润蓬松。调整体积更适合自己的脸形。

弹簧夹

辅助假发片接驳短发的神奇配件

弹簧夹不仅能牢牢固定假发片，还具有不错的支撑力。对不喜欢在造型时使用定型发胶的人来说，这种有定型和支撑效果的发饰确实无往不利。

发片预处理：需预先烫卷
整款发型打造时长：18分钟
难度等级：高级

Side
对不擅长整烫自己头发的人来说，假发片先烫好再戴非常方便。

Back
低垂的卷发彰显的是浓浓的女人味。

发量不够厚的人最适合偏分造型，假发片能让你一下子拥有丰盈发量的自信感。

聪明挑发饰

✓ 长度超过 8 厘米的弹簧夹，能一次性固定好更多的头发。

发片接入步步为营

Step1
用尖尾梳在后脑勺最高位置的上方，分出一条长度大于 8 厘米的分界。

Step2
将假发片扣在发根处，并用真发盖好。这时头顶的发量一下就饱满了。

Step3
以两耳为界，将上半区的头发在右侧方绑一个比较松的马尾，用发圈绑好。

Step4
抓住马尾的末端，从上面的头发中穿过往下拉，形成一个小发髻。

Step5
将下半区的头发预留出一些鬓角发，剩下的头发用发圈如图扎好。

Step6
把头发向上拉并用夹子固定在 Step4 做好的发髻上。末端用弹簧夹固定就完成了。

8 Chapter

答疑解惑

一片假发片万千难题全解决

头发先天的缺点可以慢慢修复，可总有一些后天招致的麻烦棘手闹心！

刘海被发型师剪坏了，又短又尴尬；睡眠不足，头顶遭遇压力秃。

卷发烫坏了，毛糙分叉伤心不已！

头发长得慢，长发美梦盼了又盼……

没有假发片之前，上述问题的解决方案可能只有等！

但假发片却能拍着胸脯向你承诺：所有愿望都可以马上兑现！

发片抢救刘海，神奇复生；修复卷烫缺损，短发即刻变长……

只要学会活用假发片，后天烦恼悉数清零！

没有刘海，但渴望拥有可爱的刘海发型？

有了假发片 刘海 招之即来

Q：一直都没有刘海，却很想尝试有刘海的发型怎么办？

A：利用假发片的曲度，打造温婉可爱的斜刘海造型。

将假发片斜扣在顶区，取一段斜搭在额角，就能起到刘海的作用。为求自然，可以将假发片的表面用梳子刮松或者用手指轻轻推开层次。避免假发表面过于平整带来的不自然感。当然要瞒天过海使用发片当做刘海，最好是基于高绑、蓬松的卷发发型。

▶ **YES!** 刘海能优化面部比例，比没有刘海的情况显得脸小。

瞬变指数：★★★★☆

Step1
先给全头头发烫卷，然后在头顶较高位置绑一个基础马尾，刮蓬做成丸子头。

Step2
假发片扣接在顶区后侧丸子头的根部，利用丸子头遮挡扣接处，使发片的发流向前斜摆。

Step3
从额头中缝线开始，将假发片向上拧转出弧度，使前端的弧度遮挡额角，发尾绕到丸子头根部夹好。

Step4
留出几束卷曲的发尾在侧面点缀，将假发片拉低用喷雾固定，使其保持自然服帖。

Side

半月刘海的作用，让人的五官变得甜美柔和，一点点就好，不要遮挡眉毛。

每次编了辫子，剩下的头发就变得更少？

Q：编了辫子，头发所剩无几看起来更可怜！

A：卷发和辫子搭配才好看，发片来做真发替身。

头发比较稀疏的人，编辫子宽度不能超过8厘米。拉扯发根时也不宜过紧，暴露头皮会显得发量更少。如果你喜欢辫子夹在卷发中的甜美感，可以后侧加一层发片，丰盈效果非常惊喜。

假发片帮你查漏补缺

YES! 辫子会把头发压扁，假发片充实发量，不怕被压！

像棉花糖一样蓬松的卷发，能让辫子看起来更加甜美动人。

Side

瞬变指数：★★★★☆

Step1
以双耳中点连接线为界，在这里接入假发片，让发片的末端和真发的发尾齐平。

Step2
右侧发际边抓取8厘米宽的发量，编三股辫，采用不断加股的方式编完。

Step3
左侧发辫从前额上沿开始，同样也是抓8厘米宽的发量编加股辫。

Step4
发辫距离末端5厘米时可收尾。把它藏进假发片的发尾中，发型即可完成了。

头顶头发稀疏，像秃了一块？

假发片教你神奇生发术

Q： 刘海发量少，稍微往后梳就能清清楚楚地看见头皮？

A： 接上发片后往前推是秘诀！

如果你喜欢顶区隆起的发型，可以将假发片扣接在刘海后面，稍微往前推，让真发在前面，就能打造圆润且高耸的隆起效果。许多人在做这种效果时不得不打毛逆梳，现在不必伤害头发也能办到了。

▶ **YES!** 头顶比例的增长，能使往下坠的卷发看起来同样轻盈没负担。

瞬变指数：★★★★☆

Step1
前额发际线往后3厘米定为假发片的接扣线。真发覆盖发片后往后吹整定型。

Step2
发片连同前额刘海一起分为三等份，居中的一份向右拧转成股，向前推用夹子固定。

Step3
左右两份头发分别向中间拧转、推高，用夹子固定，三份拧转头发合并成一个高耸的发包。

Step4
鬓角的头发用定型喷雾向后定型，打理成蓬松自然的蓬发即可完成。

Side

甜甜的圆脸形因为顶区变高而蜕变成洋气大方的模样。

发量太少，不敢把头发绑起来？

Q：头发太少，绑起来就显得更少了！怎么办才好？

A：真发做基座，假发片延长线条。

头发较少的时候绑发的要诀是：分线呈三角形，能起到视觉延伸的效果，使发量看起来更多。拉松绑发的根基部分，再用假发片补足长度就能达到以假乱真的效果。

YES！ 真发太少会让高绑发型显得幼稚，加上有卷度的假发片就有大逆转！

高绑发型是减龄的秘密武器，但一定要用丰盈立体的头发来支撑。

Side

瞬变指数：★★★★☆

Step1

用尖尾梳在前额分出三角区，略向后移，使顶区的发量能遮盖额角，修饰脸形。

Step2

用皮筋将这部分头发扎成马尾，可偏向右后侧使头发垂在后侧。

Step3

假发片绕皮筋一圈，将真发包裹起来延长发型线条，然后用一截真发绕接扣部。

Step4

拉松马尾的根基使其蓬松，加高顶区的发量，让脸形更加完美。

编发时头发过于细碎？

Q: 编发太难，光是要收服那些分叉的碎发就头痛！我该怎么办？

A: 和假发片一起编，难度减半！

头发层次多，发尾碎，长短不一的情况，这些都很难编出均匀光洁的发辫。内接发片后会下意识将真发编在里边，假发裹在外围，就能大大减少分叉毛糙的现象。同时有必要借助发蜡才能确保黏合效果自然。

▼**YES!** 没有分叉和碎发的发型，确保优雅无虞，消除你对发辫的琐碎担忧。

瞬变指数：★★★☆☆

Step1
以额角斜线为界，将全头头发分为上下两区，下区打三股辫盘成发髻垂在颈边。

Step2
分界下方扣接上假发片，用真发覆盖梳直。扣接位置往后一些，避免前额看到夹子。

Step3
真假发混编三股辫。下意识将毛糙分叉的真发裹进假发里，编起来。

Step4
绕成圆盘状，用多枚夹子固定在太阳穴旁，发尾绕进发髻根部，隐藏起来就完成了。

Side

厚实的发辫盘起来，更便于达到塑成立体花朵的效果。

假发片帮你尝试长发才能达到的盘发造型

Q： 头发短且少，怎样才能盘出好看立体的盘发？

A： 头发分区有门道，秘密接入假发片以假乱真。

头发太少，高位接盘发更捉襟见肘。扣接假发时一定要先做好分区，只将假发片接到中间位置，周围用真发修饰，这样就能以假乱真，丰富发量。

YES! 发根太紧绷反而会令头发显得更少，发根疏松，顶区就靠假发片来打造。

瞬变指数：★★★☆

卷发更容易做出盘发的高度和立体感，前额只用真发，不动声色发量即刻变多。

Side

Step1
将整头头发烫出基础大卷。卷发棒直径需达28毫米以上才能打造自然大卷效果。

Step2
头发由前至后分成三份，中间发量略少，前后略多，各绑成发根疏松的马尾。

Step3
整烫过发尾的假发片扣接在中间马尾的前端，和真发合为一体。

Step4
每个马尾都向前盘绕形成发髻，再用夹子将三个发髻衔接在一起，整理形状后即可完成。

发尾分叉，侧扎发型更糟糕？

假发片帮你化解危机

Q：发尾枯黄分叉，搭在肩侧太糟糕怎么办？

A：假发片螺旋拧转技巧至关重要。

如果直接在真发中加入假发片，发色分层容易看出破绽。接入假发片后和真发一起拧转，融合度刚好。正好将分叉的真发藏进看不到的底层。烫坏了又不舍得修剪的卷发也可以用同样的方法遮盖起来。

YES! 假发片面前，卷度再乱也统统都能驯服！

瞬变指数：★★★★☆

Step1
以耳朵顶点的平行线为界，分出上下两区。假发片扣接在下半区的偏上位置。

Step2
将上半区和假发片的发量抓握到一起，向内拧转成股。同时向左侧移动，将假发优质的发尾叠在上方。

Step3
余下的头发也依同法向内拧转，用夹子固定在第一股头发的下方。把分叉的真发叠到底下。

Step4
顶区头发拉高，调整成圆弧造型，令头顶饱满效果更加突出。

Side

分叉的真发在假发的掩护下悄悄"垫底"，再也不怕别人苛刻目光的检验。

立体发型 其实 并不困难

Q： 头顶发量本身就少，加上发质软，不能做立体发型怎么办？

A：内夹假发片提供造型支撑力。

因为材质的关系，假发不易受到湿度和头皮油脂的影响。针对一些需要在头顶做文章的发型，假发片确实能提供良好的支撑性和挺括度。处理的手法一定要让真发覆盖在表面。内里用假发撑起轮廓，这样就能达到以假乱真的效果。

YES! 顶区头发加蓬会产生神气爽朗的印象效果。

瞬变指数：★★★☆☆

Step1
依照头顶二八分线，将头发分开，发片扣接在较多发量的里层，外面用真发覆盖。

Step2
抓起假发片以及前额和顶区的头发，抓松并向外拧转成股。

Step3
将拧成股的发束用夹子固定在头后区。另一侧也用同法拧股固定，两股头发在后方合拢。

Step4
调整前额的造型，拉松部分发束，使顶区变高变蓬松，发型就完成了。

假发片的"帮忙"丝毫没有影响整款发型散发的自然空气感。

Side

117

保养秘藉

让万能假发片陪你更久

假发片用完就丢在一边，不闻不问，再强悍的材质也会寿命减半！

假发片用完就丢在一边，不闻不问，再强悍的材质也会寿命减半！

想要美丽更持久，劳苦功高的假发片也需要呵护！

清洁残留黏腻的定型产品，真假发分开梳通打理，

使用护发产品让假发片光泽闪耀……

这些都是身为使用者必须知晓的打理知识。

发片会吸附外界异味，和真发摩擦产生毛糙，卷烫过于频繁会失去亮泽……

为假发片做减法，它才能为我们做加法！

让万能假发片陪你更久一些，照顾它时就要更周到一些。

喷了定型产品的假发片正确清洁很重要

发片油腻不仅容易造成和真发的纠结，定型产品的化学成分还会侵蚀假发片的外膜，让假发片失去光泽。一般而言，如果造型喷完大量的定型产品，不用时都要清洁一次，不喷定型产品则每月清洁一次即可。

NG做法1 急于梳通假发是最糟糕的做法，因为假发的弹性不如真发好，极容易在强力拉扯下断裂。

NG做法2 用过热的水清洗，假发不仅不会顺通，反而会更纠结，难以顺直。

YES 做法

Step1
将凌乱的假发片放进有少量洗发水，并已起泡的盆中浸泡10分钟。

Step2
用手指在水中从发尾开始，逐一将打结处梳通，不要从发根开始用力扯开。

Step3
假发全部梳通后，用冷水从上往下冲洗，最后平铺在干毛巾上晾干。

Step4
假发每次干透后，最好都在头发表面抹少许润发乳或发油。

呵护好搭档

DeMert
假发洗发水

Protouch
假发专用补水洗发香波

Vapon
假发护理洗发水

视假发凌乱程度，选择清洁产品

假发纠缠状况严重时，最好用洗发水清洗，专业的假发清洗剂更佳。平常状况下，用护发素来漂洗就可以恢复假发的柔顺了。

假发片由于不具备真发的多孔性，不能很快地吸收一些润发产品，直接表现出柔顺效果。因此在每次清洗假发后，最好都提前润发和顺发。增加假发发丝外膜的顺滑性，这样在使用的时候就不必涂抹任何顺发产品了。

让假发片柔顺到底的护理秘诀

 **NG做法1** 扣上发片后才突然想抹润发和顺发产品，导致太湿无法进行下一步的造型。

NG做法2 在假发上抹太油的护发产品，导致完全不能吸收，造成头发出油一样的反效果。

YES 做法

Step1
发片晾干时一定要将发丝平铺，如果垂直挂晒的话，一定要在没有风的地方阴干。

Step2
发片在完全晾干后，在表面喷一些有助于顺发的喷雾再晾干。

Step3
不要用塑料袋或者过小的置物盒装发片，用发网装，防止发丝纠结。

Step4
每次使用前，用密齿梳再将发片梳通顺。这时不要用手梳，避免手指上的油分破坏顺滑的发丝外膜。

呵护好搭档

California Baby
营养顺发喷雾

Paul Mitchell
轻柔顺发喷雾

Philip B
酸碱平衡修复顺发喷雾

避免酒精、炙热和干燥，假发可以保持柔顺

假发的顺滑度一定在使用初期时是最好的，后来会因为热风吹整，定型产品中的酒精，日晒干燥导致顺滑度下降。我们可以后期给假发补油，但不可以补水，可以借助顺发喷雾使假发表面形成柔滑的外膜，便于梳整。

日常梳整发片的正确方法

假发的人造丝结构很容易在摩擦过程中产生静电，因此除了用常见的钢针梳打理，假发还能使用碳纤维、碳钢，以及防静电塑胶梳来梳整。普通塑胶梳、木梳则不建议用于梳理假发。

✖ NG做法1 假发和真发混在一起梳整，真假发构造不同，容易摩擦纠结。

NG做法2 用鬃毛梳等梳齿过密、拉力较大的梳子打理，假发容易因为大的拉扯力而断裂。

YES 做法

Step1
假发片一定要先梳好再接扣，遵守收纳前和使用前都梳好的原则。

Step2
梳假发时先梳顺发尾，接着是中段，最后才要尝试从发根由头至尾梳通。

Step3
当假发使用或者整烫太多次后，顺直度会不如从前，这时改用梳齿较大的梳子会减少掉发。

Step4
如果接扣在真发上后，想稍微梳一下表面，一定要用手按住接扣的位置再梳。

呵护好搭档

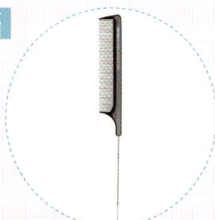

Denman DC06
碳纤维防静电梳

Tangle Teezer
便携防静电顺发梳

TONI&GUY
碳钢尖尾梳

梳理假发时要采用斜侧梳理的方法

梳理假发时要采用斜侧梳理的方法，不可进行直梳，而且动作要轻。斜梳能避免手产生的力量将假发根部的缝线拉断。另外，当手上有汗有油或者有头发造型产品时，不要手梳假发，否则假发会越梳越不顺畅。

假发发丝不具备真发的修复功能，因为它没有"活的毛鳞片"。逆梳、打毛很容易就留下不可修复的伤害。为了增加假发的蓬松度，我们还可以使用易清洁的干性蓬松粉，有助产生从发根就开始蓬松的效果。

 **NG做法1** 用定型慕斯。慕斯泡沫类的定型产品都会让假发发丝变得更硬。

NG做法2 用定型水加蓬。假发不能吸收定型水，因此收效甚微。

YES 做法

Step1
先把假发片扣接好，用梳子稍微梳顺发丝。

Step2
用一只手指按住蓬松粉的出粉口，酌量在假发片根部撒上蓬蓬粉。

Step3
用手指揉搓，将头发推高，直到白色粉末消失。觉得支撑力不够的话再放蓬蓬粉。

Step4
最后用密齿梳将头发表面梳顺即可。

呵护好搭档

Schwarzkopf
施华蔻蓬松粉

TIGI
糖果系列甜心蓬蓬粉

俪诗朵
空气感蓬松粉

用过蓬蓬粉的假发片，最好当天洗净

不熟悉蓬蓬粉的人一开始会觉得很难清洁，其实清洁方法很简单。取下发片后，首先要抹上护发素，允分揉搓去掉黏性后用水冲净，然后再用普通洗发水来清洗，冲水后再用第二次护发素，假发就能彻底洁净了。

如何保养才能去除假发片的异味

为什么假发上总有一股异味？在天气热的时候会更加明显！一是因为假发人造丝的结构会存在一定的异味；二是假发在出厂前一般会经过消毒环节，所以会有消毒剂的味道。异味通过水洗会有所减轻，头发容易产生头垢味的人，也可以使用去异味喷雾达到去除的效果。

✗ NG做法1 在假发上喷香水，会混合出一种更怪的异味。而且香水中的酒精会令头油分泌更多。

NG做法2 使用有香精、香料的造型产品，香精会损伤头皮健康，造成头部敏感。

YES 做法

Step1
接扣发片时，扣子不要离头皮太近，避免摩擦头皮导致敏感出油，加重异味。

Step2
当你使用发片外出时，尽量要做好物理防晒措施。日晒会令假发产生一股类似塑胶的异味。

Step3
做好发型后用尖尾梳挑松头发，让头皮通风，才不容易产生头油和异味。

Step4
最后可以在表面喷一点干洗去异味喷雾，距离25厘米以上画圈均匀喷洒。

呵护好搭档

Batiste
头发干洗喷雾

ReneFurterer
头发干洗喷雾

Tonymoly
魔法森林头发去油干洗喷雾

假发吸附异味后要及时清洁

假发很容易吸附烟味和油味，当你出席完饭局回家后一定要及时清洗。另外如果假发的植发网面是布网，也容易吸附头皮分泌的汗水和油脂。洗假发时一定不能忘记清洁夹子和植发网面，这里是最容易藏污纳垢的地方。

买回来的假发片如果长度不合适，一定要经过修剪再使用。多次整烫后，一旦发尾出现不可修复的卷曲，也可以剪掉，维持假发片的寿命。那么该如何修剪假发片才比较正确呢？

NG做法1 接扣到真发上后和真发一起剪。湿润的真发会更有弹性，因此如果和假发一起修剪，完全变干后会发现真发变短。

NG做法2 一刀剪平。除非是真人发丝编织的假发，普通人造丝假发平剪切口会比较粗糙，在肉眼上看自然度就差强人意了。

YES 做法

Step1
没用过的假发片先在头上比对好位置再修剪，除非高热加温，否则假发是不会变形的。

Step2
修剪发尾时先稍微梳顺，第一次剪水平线确定基准位置。

Step3
将剪刀垂直，每隔2至3毫米剪一刀，让发尾不会太齐呆板，也可以用打薄剪刀处理。

Step4
最后再用剪刀水平修剪一次，剪掉部分过长的发尾，使发尾自然流畅总体保持齐平。

呵护好搭档

Etude House
爱丽小屋剪发器

NOBLE
刘海修剪发夹

PEEK·A·BOO
专业剪发梳

多次修剪，假发可达到重复利用效果

当假发片经过多次使用，长度和柔顺度都下滑时可以陆续剪短，最短时可以作为假刘海使用。如果你实在无法梳理打结纠缠到极点的发片，可以将它绑成丸子形，用夹子垫在后脑勺较为凹陷的地方，作为盘发的底座，马上就能拥有饱满的发型。

如何让假发片烫染随心

假发片可以成全你的这些新奇欲望：想要尝试挑染效果却不想在真发上染色、喜欢渐变发尾却很怕效果不佳、想拥有双色或多色染发的发型等。在颜色上的大胆构思，都可以通过一次性染发产品在假发片上表现出来。

NG做法1 用真发用的染发乳膏／染发泡沫来染假发。人造丝不一定能成功上色，可能会毁掉一整片发片。

NG做法2 用喷雾型染发产品来给假发片上色。喷雾染发剂含有腐蚀纤维的化学成分，有可能会直接导致假发片毁坏。

YES 做法

Step1
使用一次性染发产品时都要先戴上手套。

Step2
将假发片接扣在所需位置上，抓一缕头发，使用染色粉笔、染发球或染发膏，从上之下移动染色。

Step3
注意不要来回擦拭，会导致假发毛糙或者粉体掉落，一定按同一个方向上色。

Step4
上色完毕后不宜用梳子打理，用尖尾梳的尾巴整理好即可。

呵护好搭档

Free People
一次性染发粉笔

Kevin Murphy Color Bug
快速染发球

Stylenanda
单色染发膏

染假发最好选择一次性染发产品

假发不具备锁色因子，因此不能使用化学染发剂。只停留在发丝表面的一次性染发产品则比较适合。一次性染发产品遇水即化，因此假发必须在完全干燥时才能使用。上色后喷少量定型发胶，有助于颜色更加持久。

对于头发光泽感略差的人而言也有一个烦恼：光泽感很好的假发片使用时，和真发有很大质感上的反差，很明显地突出了假发的存在！为了解决这个问题，我们可以在造型后，使用一些具有增加光泽感的护发产品，让真假发在质感上更趋于一致。

✕ NG做法1 在真发和假发上使用乳霜型的亮发产品。这样做会使发丝更黏，失去清爽效果。

NG做法2 抹一些内含闪片和亮片的护发品，虽然光泽感有了，但是却格外俗气。

YES 做法

Step1
尽量利用假发片做一些饱满蓬松的发型，头皮闷热的话会造成出油。

Step2
选择具有增亮效果的护发喷雾，在你觉得较暗的区域，距离25厘米以外轻轻喷洒。

Step3
用不掉屑的纸巾轻摁喷得过量的地方，吸走多余的油分和水分。

Step4
最后使用定型喷雾，用吹风机的冷风慢档给头发定型。

呵护好搭档

Aveda
闪亮中等定型发型喷雾

L'occitane
欧舒丹柔顺亮泽护发喷雾

Moroccanoil
摩洛哥油微光蓬松亮发喷雾

头发亮泽产品，要遵循少量涂薄的使用原则

头发亮泽喷雾属于水性基质搭载油性分子的结构，在头发觉得毛糙难梳顺时使用最好。喷用量不要太多，也不要集中喷涂，少量涂薄效果最好。如果你想减少定型产品的用量，可以选择同时拥有增亮和定型两种效果的喷雾，一举两得达成定型润泽的目的。